电力电缆线路
试验技术及应用

DIANLI DIANLAN XIANLU
SHIYAN JISHU JI YINGYONG

国网江苏省电力有限公司电力科学研究院　组编

中国电力出版社
CHINA ELECTRIC POWER PRESS

内 容 提 要

本书包括电力电缆基础知识、电缆线路交接试验技术、电缆线路巡检试验技术、电缆线路诊断性试验技术、电缆检测新技术五章内容，介绍了变频耐压试验、分布式局部放电检测、阻尼振荡波检测等多种检测试验技术的基本原理、诊断方法和典型案例，可指导设备技术监督、交接验收、运维检修等工作。

本书可供电力电缆试验、运维检修等专业人员学习阅读。

图书在版编目（CIP）数据

电力电缆线路试验技术及应用 / 国网江苏省电力有限公司电力科学研究院组编 . —北京：中国电力出版社，2018.9（2023.5重印）
ISBN 978-7-5198-2216-3

Ⅰ. ①电…　Ⅱ. ①国…　Ⅲ. ①电力电缆—线路—试验　Ⅳ. ①TM247–33

中国版本图书馆 CIP 数据核字（2018）第 146357 号

出版发行：中国电力出版社
地　　址：北京市东城区北京站西街 19 号（邮政编码 100005）
网　　址：http://www.cepp.sgcc.com.cn
责任编辑：刘丽平（010-63412342）
责任校对：黄　蓓　王小鹏
装帧设计：赵姗姗
责任印制：石　雷

印　　刷：北京天泽润科贸有限公司
版　　次：2018 年 9 月第一版
印　　次：2023 年 5 月北京第四次印刷
开　　本：787 毫米×1092 毫米　16 开本
印　　张：10.25
字　　数：218 千字
印　　数：2601—2900 册
定　　价：42.00 元

编委会

前　言

随着我国经济的快速发展，电力电缆越来越广泛地应用，线路运行长度逐年增加。电力电缆已成为电力输配电网络中不可缺少的组成部分，对电网的安全可靠运行起着越来越重要的作用。电缆设备监测、检测、试验等工作，有利于早期发现并处理电缆线路缺陷，可做到防患于未然，提高电网的安全运行水平。

本书从电力电缆基础知识出发，归纳现行电力电缆试验技术方法，结合工程实际阐述了试验原理、试验方法、诊断判据等知识；从大量的试验案例中总结电力电缆试验工作取得的成果，以期在生产实践中起到借鉴作用。本书对近年电力电缆检测新技术做出说明，为后续的技术应用抛砖引玉。

本书共五章，主要内容包括电力电缆基础知识、电缆线路交接试验技术、电缆线路巡检试验技术、电缆线路诊断性试验技术、电缆检测新技术，介绍了变频耐压试验、分布式局部放电检测、阻尼振荡波检测等检测试验技术的基本原理、诊断方法和典型案例，可指导设备技术监督、交接验收、运维检修等工作，提升电力电缆设备安全运行水平与可靠性。

由于时间仓促，难免有疏漏之处，敬请广大读者批评指正！

编　者

2018 年 4 月

目　录

1

电力电缆基础知识

世界上第一条同轴电力电缆线路是 1890 年 Sebastian de Ferranti 在 Deptford（泰晤士河南岸）和伦敦之间敷设的 10kV 单相油浸纸绝缘线路，至今已有 120 多年历史。油浸纸绝缘在输电电缆中的主导地位一直延续至 20 世纪 80 年代初期，之后随着人造聚合物材料的发展，以交联聚乙烯（Cross-Linked Polyethylene，XLPE）为主的挤出型聚合物绝缘逐步代替了纸绝缘。当下，超高压、远距离、大容量输电电缆备受关注。2009 年，国内首条 500kV 交流海底电缆在海南投运；2014 年，国内首条自主生产的 500kV 交流陆地电缆在北京投运；2015 年，世界首条±320kV 柔性直流陆地电缆在厦门投运。未来，高温超导电缆、铝合金电缆等新型电缆将成为研究热点。

电力电缆相比于架空线而言，可以改善城市的景观环境，盘活架空线下的走廊空间，节约宝贵的土地资源。因此，随着城市化进程的加快，城市电网的电缆化率必然提升。此外，电力电缆线路受外界气候条件和周围环境干扰的影响小，有助于提升电网供电可靠性。

1.1 电力电缆基本结构及分类

任何一种电力电缆，其基本结构主要可以分为导电线芯、绝缘层、屏蔽层和保护层，其中 1~3kV 级产品可以不设置屏蔽层。导电线芯的作用是传送电流，其损耗主要由导体截面和材料的电导系数来决定。导电线芯通常采用高电导系数的铜或铝制成，以减小电缆损耗；并且采用多根小直径单线规则绞合而成，以提高电缆的柔软性和可弯曲度。绝缘层的主要作用是承受电压，将导电线芯与外界可靠隔离。屏蔽层可以分为半导电屏蔽层和金属屏蔽层。半导电屏蔽层的主要作用是将导体表面的突起和缺陷包裹在其中，削弱导体表面局部电场的集中，减小放电可能性，延长电缆绝缘寿命；金属屏蔽层的主要作用是静电屏蔽，同时可作为部分短路电流的回路。金属屏蔽层用舒软的铜丝绕成，若电缆本身装有铅包或者铝包的金属护套，护套可作为金属屏蔽层。保护层的主要作用是保护电缆绝缘层在运输、敷设和运行过程中免遭机械损伤和各种环境因素的破坏，以保持长期稳定的电气性能。

电力电缆按绝缘类型可分为油浸纸绝缘电缆、塑料绝缘电缆、气体绝缘电缆和超导电缆；按结构特征可分为统包型、分相型、钢管型、扁平型和自容型；按电缆芯数可分为单芯电缆和多芯电缆；按电压等级可分为高压电缆、中压电缆和低压电缆。电力电缆的品种及常用电压等级如表 1-1 所示。

表 1-1　　　　　　　　　　　电力电缆的品种及常用电压等级

绝缘类型	电缆名称	电压等级（kV）
油浸纸绝缘电缆	普通黏性浸渍电缆	1～35
	不滴流浸渍电缆	1～35
	自容式充油电缆	110～750
	钢管充油电缆	110～750
	钢管压气电缆	110～220
	充气电缆	35～110
塑料绝缘电缆	聚氯乙烯绝缘电缆	1～10
	聚乙烯电缆	6～400
	交联聚乙烯绝缘电缆	6～500
橡皮绝缘电缆	天然丁苯橡皮电缆	0.5～6
	乙丙橡皮电缆	1～138
	丁基橡皮电缆	1～35
气体绝缘电缆	压缩气体绝缘电缆	220～500

1.1.1　油浸纸绝缘电缆基本结构

1.1.1.1　粘性浸渍纸绝缘电缆

粘性浸渍纸绝缘电缆包括普通粘性浸渍电缆和不滴流浸渍电缆。这两种电缆除浸渍剂不同外，结构完全相同，广泛应用于 35kV 及以下电压等级。10kV 及以下的多芯电缆常共用一个金属护套，称统包型结构。20～35kV 的电缆，如每个绝缘线芯都有铅（铝）护套，则称为分相铅（铝）包型；如绝缘线芯分别加屏蔽层，并共用一个金属护套，则称为分相屏蔽型。分相的作用是使绝缘中的电场分布只有径向而没有切向分量，以提高电缆的电气性能。统包型和分相屏蔽型粘性浸渍纸绝缘电缆结构如图 1-1 和图 1-2 所示。

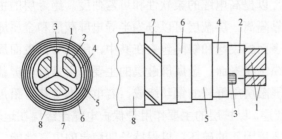

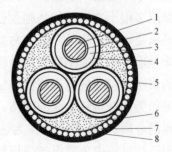

图 1-1　统包型粘性浸渍纸绝缘电缆结构　　　图 1-2　分相屏蔽型粘性浸渍纸绝缘电缆结构
1—导电线芯；2—线芯绝缘；3—填充材料；4—统包绝缘；　　1—导电线芯；2—相绝缘；3—带绝缘；4—填充材料；
5—内护套；6—内衬层；7—铠装层；8—外被层　　　　　　5—铅层；6—内衬层；7—铠装层；8—外被层

普通粘性浸渍剂即使在较低的工作温度下也会流动，当电缆敷设于落差较大的场合时，浸渍剂会从高端淌下，造成绝缘干涸，绝缘水平下降，甚至可能导致绝缘击穿。同时，浸渍剂在地段淤积，有胀破铅套的危险。因此，粘性浸渍纸绝缘电缆不宜用于高落差的场合。不滴流浸渍剂在浸渍温度下粘度相当低，能保证充分浸渍；而在电缆工作温度下，其呈塑性蜡体状，不易流动。因此，对不滴流电缆不规定敷设落差的限制。

1.1.1.2　自容式充油电缆

自容式充油电缆内设置有油道，其中充有低粘度电缆油。早期电缆油采用低粘度矿物油，现今人工合成油——直链烷基苯混合物——逐渐取代了矿物油，占据主导地位。电缆油通过油罐和油泵提供必要的或吸收过多的油量，克服电缆高差、气温变化和系统潮流引起的油压变化，始终保持电缆中合适、必要的压力，消除绝缘中形成的气隙，以提高电缆工作场强。自容式充油电缆电气性能可靠，机械性能良好。其结构如图1-3所示。

1.1.1.3　钢管充油电缆

钢管充油电缆一般为三芯。将三根屏蔽的电缆线芯置于充满一定压力的绝缘油的钢管内，其作用和自容式充油电缆相似，用补充浸渍剂的方法，消除绝缘层中形成的气隙，以提高电缆的工作场强。钢管充油电缆导线没有中心油道，绝缘层的结构与自容式充油电缆相同。绝缘屏蔽层外扎铜带和缠以2～3根半圆形铜丝，其作用是使电缆拖入钢管时减小阻力，并防止电缆绝缘层擦伤。钢管充油电缆结构如图1-4所示。

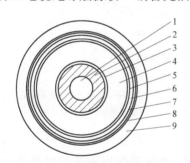
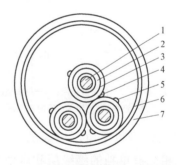

图1-3　自容式充油电缆结构　　　　　　　图1-4　钢管充油电缆结构

1—油道；2—导线；3—导线屏蔽层；4—绝缘层；5—绝缘屏蔽层；　　1—导线；2—导线屏蔽层；3—绝缘层；4—绝缘屏蔽层；
6—铅套；7—内衬层；8—加强层；9—外护层　　　　　　　　　　5—半圆形滑丝；6—钢管；7—防腐层

1.1.2　塑料绝缘电缆基本结构

塑料绝缘电缆由于制造工艺简单，没有敷设落差的限制，敷设、维护、续接比较简便，长期绝缘性能稳定，目前已成为应用最为广泛的电缆品种。

1.1.2.1　聚氯乙烯绝缘电缆

聚氯乙烯（Polyvinyl Chloride，PVC）绝缘电缆是用聚氯乙烯聚合材料作为电缆绝缘和护套的一种固体挤压聚合电缆，适用于10kV及以下的电力电缆线路中，其结构如图1-5所示。

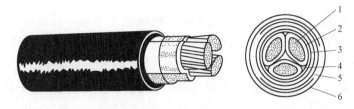

图 1-5 聚氯乙烯绝缘电缆结构

1—导线；2—聚氯乙烯绝缘；3—聚氯乙烯内护套；4—填料；5—铠装层；6—聚氯乙烯外护套

1.1.2.2 交联聚乙烯绝缘电缆

交联聚乙烯绝缘电缆具有诸多突出的优点，如结构轻便、易于弯曲、电气性能优良、耐热性能好、传输容量大、安装方便、附件制作简单等，是目前最常见的输电电缆，其单芯结构与三芯结构如图 1-6 所示。

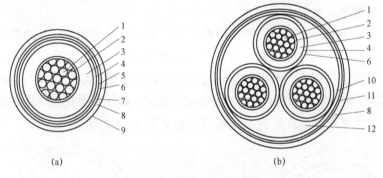

(a)   (b)

图 1-6 交联聚乙烯绝缘电缆结构

（a）单芯电缆；（b）三芯电缆

1—导线；2—内半导电层；3—绝缘层；4—外半导电层；5—外半导电缓冲层；6—金属屏蔽层；
7—沥青保护层；8—外护套；9—石墨层；10—内护层；11—钢带铠装层；12—填充层

在 35kV 及以下电压等级的三芯电缆中通常采取三相分别绕包后再进行统包的形式，每一相会有单独的绝缘层和屏蔽层以均化场强，整体再包以屏蔽层以消除电场的切向分量，目的在于使电场达到径向分布，防止绝缘层表面的滑闪。当电压超过 35kV 时，通常采用单芯电缆。与三芯电缆相比，单芯电缆外径较小，质量较小，因此电缆制造长度可以不受电缆盘与质量限制，同等条件下可以比三芯电缆制作得更长。单芯电缆因三相电缆为独立的三根电缆，相间距离较远，电缆即使发生绝缘材料受潮、劣化，一般仅发生接地短路，很少发生相间短路，运行更加可靠，更容易提高电压等级。在高电压等级的输电线路中，电力电缆大多为单芯结构。但是，当单芯电缆线芯通过电流时，会有磁力线交链铝包或金属屏蔽层，使它的两端出现感应电压，所以单芯电缆不允许有带有磁性的钢带铠装层，因此对敷设环境要求更加严格，须避免外力破坏对电缆造成损伤。

1.1.3 海底电缆基本结构

目前常见的交流高压海底电缆主要有自容式充油海底电缆和交联聚乙烯海底电缆两种。由于海底电缆特殊的敷设环境，其结构、技术要求等与常规陆地电缆存在差异，在此单独叙述。

1.1.3.1 自容式充油海底电缆

由于浸渍纸绝缘电缆受水深、敷设落差及使用电压等级的限制，而钢管充油电缆机械性能中允许弯曲半径、弯曲方法和施工要求均较为严格，因此目前世界上的超高电压交流海底电缆工程大多采用自容式充油电缆。自容式充油电缆有一个重要的特点，即当电缆受到一定外力作用发生小的损伤，若破坏仅发生在金属套而绝缘完好时，从油罐补充的油通过油泵产生的压力会阻止海水进入而继续维持运行一段时间，使检测故障点和修理工作的准备更加充分，系统的调度更为从容。

根据目前国内外电缆的制造技术，充油海底电缆绝缘材料基本采用两种类型：一种是低损耗牛皮纸；另一种是聚丙烯复合纸（Polypropylene Laminated Paper，PPLP），也称半合成纸、复合纸。采用低损耗牛皮纸作为绝缘材料的自容式充油海底电缆技术成熟，1924年在意大利米兰安装的第一条 130kV 海底电缆工程及 1927 年在美国纽约和芝加哥安装的132kV 海底电缆工程已使用该种材料的电缆，并成功运行了多年，加拿大温哥华 500kV 跨海工程也已成功运行了多年。PPLP 则具有充电电流小、传输损耗小的优点，同时具有良好的弯曲性能，在制造长度和运输方面存在优势，在电缆导体截面相同的情况下，其载流量较低损耗牛皮纸高。图 1-7 所示为 500kV 自容式充油海底电缆典型结构图，其结构尺寸如表 1-2 所示。

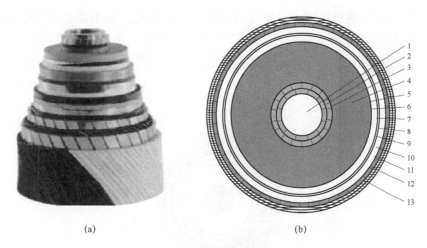

(a)　　　　　　　　　　　　　(b)

图 1-7　500kV 自容式充油海底电缆典型结构

（a）实物；（b）结构

1—油道；2—导体；3—导体屏蔽层；4—绝缘层；5—绝缘屏蔽层；6—编织带；7—铝合金护套；
8—加强层；9—衬层；10—防腐层；11—防蛀层；12—铠装层；13—外护层

表 1-2 　　　　　　　　　　　　　500kV 自容式充油海底电缆结构尺寸

序号	材料名称	标称厚度（mm）	标称外径（mm）
1	油道	—	30.0
2	导体，铜	7.3	44.6
3	导体屏蔽层	0.5	45.6
4	绝缘层，浸渍纸带	28.55	102.7
5	绝缘屏蔽层	0.5	103.7
6	编织带	0.25	113.8
7	铅合金护套	4.4	113.3
8	加强层——青铜带	0.6	115.0
9	衬层	0.25	125.9
10	防腐层——聚乙烯护套	4.8	125.0
11	防蛀层——铜带	0.2	125.4
12	铠装层——扁铜线	2.4	130.7
13	外护层——聚丙烯纱和沥青	4.0	138.7

1.1.3.2 交联聚乙烯海底电缆

相比于自容式充油海底电缆，交联聚乙烯海缆没有额外的供油系统，遭受破坏时不会对环境产生影响，且易于弯曲，安装敷设及运行维护方便，更适合长距离海底电缆。交联聚乙烯海底电缆也可以分为单芯电缆和三芯电缆两种形式。与单芯海底电缆相比，三芯海底电缆具有长期损耗较小，单位成本低，占用海域面积小及施工效率高等优点；而单芯海底电缆则具有载流量大，质量隐患小，易于施工及维护方便等优点。图 1-8 和图 1-9 所示为 110kV 单芯和三芯交联聚乙烯海底电缆结构，其中 HDPE 为高密度聚乙烯（High Density Polyethylene）。表 1-3 所示为 110kV 单芯交联聚乙烯海底电缆结构尺寸。

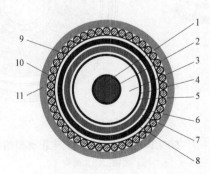

图 1-8　110kV 单芯交联聚乙烯海底电缆结构

1—铜导体+阻水带；2—导体屏蔽；3—交联聚乙烯绝缘；4—绝缘屏蔽层；5—半导电阻水层；6—合金铅套；
7—防腐层；8—高密度聚乙烯（HDPE）护套；9—内衬层；10—钢丝铠装层；11—外被层

表 1-3 110kV 单芯交联聚乙烯海底电缆结构尺寸

序号	材料名称	标称厚度（mm）	标称外径（mm）
1	铜导体＋阻水带	—	26.6±0.1
2	导体屏蔽	0.2＋1.5	30.0
3	交联聚乙烯绝缘	17.0	64.0
4	绝缘屏蔽层	1.2	66.4±0.5
5	半导电阻水带	1×0.5×50	67.9
6	合金铅套	3.2	74.3
7	防腐层	—	—
8	HDPE 护套	2.8	79.9
9	内衬层	1.5	82.9
10	钢丝铠装层	6.0×44	94.9
11	外被层	4.0	102.9±2.0

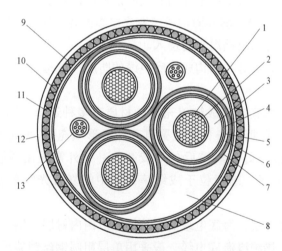

图 1-9 三芯交联聚乙烯海底电缆结构

1—阻水导体；2—导体屏蔽；3—交联聚乙烯绝缘；4—绝缘屏蔽层；5—半导电阻水层；6—合金铅套；7—塑料增强保护层；8—成缆填充条；9—成缆捆扎带；10—内衬层；11—钢丝铠装层；12—外被层；13—光缆单元

结合单芯海底电缆及三芯海底电缆结构，下面分析二者主要的组成结构。

（1）阻水导体。铜导体采用正规绞合，分层嵌入阻水带，分层紧压。正规绞合是为了方便内层线芯做阻水处理，以及在制作工厂软接头时，焊接铜导体较方便，且有足够的机械强度。对于导体的阻水处理，国外采用阻水膨胀粉或阻水胶隔断工艺，国内常采用嵌入阻水带工艺。大截面海底电缆的导电线芯，由于嵌入了阻水带，有效地削弱了大截面导体的趋肤效应，不需要再做分裂导体。同时，分裂导体各扇形模块之间空隙较大，做阻水结构较为困难。

（2）导体屏蔽层。为了增强导体的纵向阻水性能，其导体屏蔽层一般均设计成重叠绕包一层高强度半导电阻水带和挤包导电聚烯烃屏蔽层结构。

（3）半导电阻水带。在导体屏蔽层外重叠绕包一层半导电阻水膨胀带，其作用如下：

1）半导电阻水带与导体中嵌入的阻水材料共同构成了海底电缆的纵向阻水结构。

2）对下一道连续挤铅工序提供一层必要的防烫伤保护层。

3）对交联聚乙烯绝缘层运行温升产生的膨胀起到缓冲作用。

（4）合金铅套。合金铅套作为海底电缆的金属屏蔽层，也是海缆的径向阻水层和防腐蚀层，同时作为瞬态短路电流的通路。由于合金铅的力学强度和蠕变性能要比纯铅高，因此电缆铅护套大多采用合金铅挤包而成。

（5）塑料增强保护层。铅和铅合金比较柔软，机械性能较差。为了保护铅套在制造、敷设和使用中不受损伤，通常在合金铅护套外用挤塑机挤制一层塑料增强保护层，两者之间还要涂敷一层粘接剂，使其成为一个整体，从而提高对电缆线芯的综合保护性能。塑料增强保护层的主要作用如下：

1）一般 1.0mm 的改性聚乙烯护层相当于 1.5mm 的铅护层的机械强度，能部分吸收和分散外部对铅护套的应力，可提高电缆铅套的耐浪涌冲击及抗疲劳性。

2）聚乙烯护层与合金铅护套共同构成了海底电缆的径向防水屏障。在铅护套局部损伤情况下，聚乙烯护套仍可以阻挡海水的侵入。

3）聚乙烯护层与合金铅套共同构成海底电缆的防腐蚀结构，可有效地隔绝海水中化学、生物的腐蚀侵害。

（6）成缆填充条。海底电缆成缆填充条的材质有多种选择。国内目前使用较多的是交联电缆回用料发泡扇形填充条和发泡聚氯乙烯扇形填充条。发泡聚氯乙烯扇形填充条较柔软，成缆工艺性能较好，成缆后外形较圆整。国外常采用并股的聚丙烯填充绳及圆形的发泡聚乙烯填充条，这对位于成缆填充区中的复合光缆单元能起到很好的保护作用。

（7）海底电缆的外护层。海底电缆的外护层一般由内衬层、钢丝铠装层和外被层三部分组成。三芯交联聚乙烯绝缘海底电缆一般采用单层粗圆钢丝铠装。对敷设条件及使用环境有特殊要求的海底电缆，可采用双层粗圆钢丝铠装。

铠装钢丝一般采用镀锌低碳钢丝，应符合 GB/T 3082—2008《铠装电缆用热镀锌或热镀锌–5%铝–混合稀土合金镀层低碳钢丝》的要求。铠装钢丝的规格尺寸和力学性能要求，应根据海底电缆规格及客户要求的敷设、地理条件选定。内衬层和外被层一般可采用"聚丙烯绳缠绕＋沥青浸渍"混合防腐结构，制造加工较为方便，又能满足海底电缆特殊的电性能及加工性能要求。

（8）光缆单元。海底电缆的光纤布置方案有电缆复合光纤和捆绑光缆两种方式。前者在填充区中加入一根或两根海底光缆单元，制造相对复杂，供货时间长，采购成本高，电缆敷设时光纤损伤风险大；后者光缆单独生产，较为灵活，成本低，光纤有钢丝铠装保护，安全性好。

1.1.4 气体绝缘电缆

气体绝缘输电线路（Gas Insulated Transmission Line，GIL）是 20 世纪 60 年代中期出现的一种新的电力线路架设方式，主要采用了基于 SF_6 绝缘母线的传导模式，将适量的氮气导入电力传输管线当中，实现较远范围内的高压输电。与传统的高压输电线路相比，GIL 输电网络具有明显的优点，其自身老化较慢，电力传输过程中的损耗较低，并且线路铺设单位资金较低，是十分高效并且安全的电力传输方式，能广泛运用到大容量长距离输电线路的架设当中。

GIL 的优点如下：

（1）体积小，安装布置灵活。分相式 GIL 的外径仅为 500mm 左右，敷设于地下管廊，从而能够有效地利用地下空间，节省占地面积。GIL 布置紧凑，灵活方便，可长距离水平或垂直敷设，并可根据现场情况完成不同的转角设计。

（2）绝缘水平高。GIL 采用同轴圆柱的绝缘结构设计，电场分布均匀，绝缘性能优异。SF_6 气体的年泄漏率小于 0.5%，可保证 GIL 在运行过程中始终保持充分的绝缘裕度。GIL 具有零表压工频电压耐受能力，即便管道母线内部的气体压力下降至零表压（0.1MPa，绝对压力），仍具有 1.1 倍的系统最高工频相电压的耐受能力，不会对地闪络。

（3）输电容量大。GIL 的载流量高，单回输电容量大，与 500kV 的架空输电线路相比，其输电容量有较大的提升，单回额定输电容量可以达到 4000MW 以上。

（4）不受外部环境的影响。500kV GIL 采用全封闭式结构设计，超高压通流导体及绝缘件完全不受外部环境的影响，不存在污闪、冰闪、雷击等问题，并具备抗电气和热老化特性，不经受任何实际的老化过程。

（5）运行可靠，电磁辐射低。由于 GIL 铝合金壳体的有效屏蔽作用，且采用全连接结构，在正常运行情况下，三相外壳回路中因电磁感应产生环流，环流数值大约等于母线电流的 95%，且方向相反，从而使壳外的磁场大部分消失。

GIL 的设计通常只需 4 种标准单元，即直线单元、角形单元、隔离单元和补偿单元。模块化不仅能简化线路设计，而且也利于提高制造水平。

直线单元结构如图 1-10 所示。直线单元外壳为铝合金，内导体由盆式绝缘子固定，下方由若干绝缘子支撑，滑动触点可吸收导体的轴向热膨胀。单个直线单元的长度可达 1200m，由若干管段组成，每段 11~18m，在现场用轨道焊接机焊接或以法兰连接。

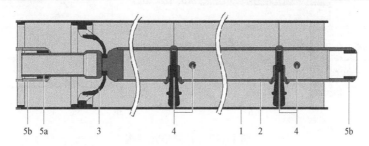

5b 5a   3   4   1   2   4   5b

图 1-10 直线单元结构

1—外壳；2—内导体；3—盆式绝缘子；4—支持绝缘子；5—滑动触点（a 为插头，b 为插口）

直线单元具有弯曲半径为 400m 的弹性弯曲度，因此在正常地形条件下，它可沿地形轮廓前行，无须角形单元。但是如果变向角度较大，则须加装角形单元，角度范围 4°～90°。角形与直线组合单元结构如图 1-11 所示，其中 1ft＝0.304 8m。

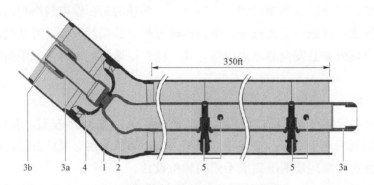

图 1-11　角形与直线组合单元结构

1—外壳；2—内导体；3a—滑动插头；3b—滑动插口；4—锥形绝缘子；5—支持绝缘子

隔离单元用于隔离气室和连接高压试验设备，以对 GIL 进行调试，隔离单元结构如图 1-12 所示。隔离单元实现充气室分隔，允许分段调试，安装有分散式监视单元。

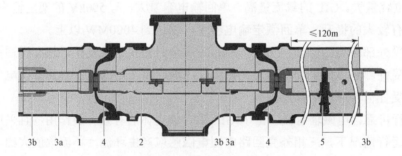

图 1-12　隔离单元结构

1—外壳；2—内导体；3a—滑动插头；3b—滑动插口；4—锥形绝缘子；5—支持绝缘子

补偿单元用于补偿外壳的热膨胀，内部柔性连接器承载电流，常见于隧道敷设和户外架设的 GIL。补偿单元结构如图 1-13 所示。

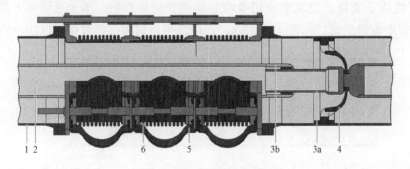

图 1-13　补偿单元结构

1—外壳；2—内导体；3a—滑动插头；3b—滑动插口；4—锥形绝缘子；5—柔性连接器；6—补偿箱器

1.1.5 高温超导电缆基本结构

超导电缆的发展经历了直流低温超导电缆、交流低温超导电缆和交流高温超导电缆等发展过程。目前，交流高温超导（High Temperature Superconductor，HTS）电缆已经成为超导电缆研究的主流，在输电电压等级和配电电压等级方面都开展了广泛的研究和应用。随着高温超导材料和制冷技术的发展，高温超导电缆技术也在快速发展，并有希望大规模应用于实际输电中。

与常规电缆相比，高温超导电缆具有以下明显优势：

（1）损耗低。利用超导材料的无电阻特性，即便考虑到电缆本身磁滞、涡流损耗及制冷系统的电能消耗，超导电缆的损耗也将比常规电缆降低 20%～70%。

（2）容量大。同样截面的高温超导电缆的电流输送能力是常规电缆的 3～5 倍，对人口密集、耗电量大的城市尤为重要。

（3）节省走廊。相同电压等级下，输电走廊的需求可以减少 1/3～1/2，节省空间，满足新能源和负载增长的需要。

（4）降低输送电压，简化电网结构。相同的传输容量，超导输电线路可以降低 1～2 个电压等级，较低的送电电压使系统对绝缘的要求降低，提高了对电网电能传输成本的控制能力。

（5）安全可靠，环境友好。超导电缆采用液氮等作为冷却介质，不会有漏油污染和发生火灾的隐患。冷绝缘超导电缆自身具有屏蔽层结构，无电磁污染，环境友好，比传统电缆和架空线具有更小的阻抗。

高温超导电缆系统已成为超导电缆研究的主流，其主要结构由超导电缆、电缆终端、制冷系统及超导电缆监控保护系统四部分组成，如图 1-14 所示。

对单独高温超导电缆本体而言，结构上通常包括支撑管（作为超导体带材的支架及液氮的通道）、超导体、低温恒温器、热绝缘、电气绝缘、金属屏蔽和外护层几部分。按照绝缘的结构，高温超导电缆主要可分为常温绝缘和低温绝缘两种类型。

（1）常温绝缘（Warm Dielectric，WD）：也称室温绝缘（Room Temperature Dielectric，RTD）

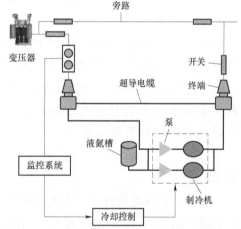

图 1-14 高温超导电缆系统示意图

或热绝缘。在这种电缆类型中，只有中心导体采用超导体。中心导体封闭在柔性的低温恒温器内，冷却至液氮温度。恒温器外是强绝热层。电缆的其他部分（绝缘介质、屏蔽等）与普通的液体浸渍电缆或合成绝缘电缆相同，其结构如图 1-15（a）所示。

（2）低温绝缘（Cold Dielectric，CD）：除了外护套之外的其他部分，特别是中心导体、绝缘介质、外屏蔽层都封装在低温恒温器内。对于冷绝缘超导电缆，其绝缘介质在液氮温度下工作（约 77K）。聚丙烯复合纸在液氮温度下具有优异的电气性能，通常被用作冷绝缘高温超导电缆的绝缘材料。其结构如图 1-15（b）所示。

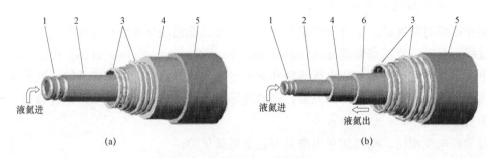

图 1-15　高温超导电缆结构

(a) 常温绝缘；(b) 低温绝缘

1—支撑管；2—超导体；3—热绝缘套层；4—电绝缘；

5—护层；6—超导屏蔽层

超导电缆的导体由多层高温超导带材在不锈钢支架上或铜支架绕成，放置在流通液氮的低温恒温器内。导体间缠绕绝缘带，以降低电缆因电磁耦合引起的交流损耗。为了消除电缆的轴向磁场，并降低自场效应引起的超导带材临界电流的退化，可设置导体层相邻层的带材绕向相反。

低温绝缘超导电缆中，屏蔽层也采用超导带材，流通与导体大小相同方向相反的电流，这将导致超导材料的成本相对常温超导电缆而言成倍增长。但超导屏蔽层的存在使电缆外部不存在磁场，因而交流损耗大大降低，反过来使得电缆可以传输更多的电能。另外，低温绝缘超导电缆还可以在钢管中敷设。

低温恒温器通常为双层不锈钢波纹管结构，两层波纹管之间为高真空和多层金属薄膜，目的是减少辐射和传导形式的热传递。这种结构也保证了高温超导电缆的弯曲性能。

与传统电缆相比，交流高温超导电缆的附件在设计上更加复杂，也更难以安装。其主要的难点在于大量的超导带材的连接：在接头内是超导带材相互间连接，在终端内是超导带材和铜导体连接。为了不对超导体的临界电流造成影响，需要开发精密的连接技术。对于低温绝缘电缆而言，因为还要考虑外层导体的连接，这一点显得尤为突出。

此外，超导电缆终端还需要考虑以下三种压强：温度场梯度（内部为液氮，外部为室温造成的温差）、附加的机械压力（由高压强的液氮造成）和电场（与普通电缆相同）。附件的设计依赖于各个厂家的经验，还需要更深入细致的研究。

1.2　电力电缆接头结构及分类

电缆接头整体按用途可分为直通接头、分支接头、过渡接头、塞止接头、转换接头、绝缘接头，如表 1-4 所示。电缆接头的结构形式因电缆品种、电压等级不同而千差万别，下面进行分类叙述。

表1-4 电缆接头分类及用途

分类	用途
直通接头	连接两根相邻电缆
分支接头	将支线电缆连接到干线电缆上。支线电缆与干线电缆近乎垂直的接头称为 T 形分支接头；近乎平行的接头称为 Y 形分支接头；在干线电缆某处同时分出两根分支电缆；称为 X 形分支接头
过渡接头	连接两根不同绝缘类型电缆，如将交联电缆与油浸纸绝缘电缆连接的接头
塞止接头	用于分开电缆邻近段的油路，起到电气上相连而油路不通的作用，用于长线路中分段供油或在高落差电缆线路中承受压力
转换接头	连接多芯电缆与单芯电缆，多芯电缆中的每相导体分别与一根单芯电缆导体连接
绝缘接头	用于大长度电缆线路，使接头两端电缆的金属护套或金属屏蔽层及半导电层在电气上断开，以便交叉互联，减少护层（或屏蔽层）损耗

1.2.1 中低压电缆接头

1.2.1.1 油浸纸绝缘电缆接头

目前 35kV 及以下油浸纸绝缘电缆的生产和应用已逐年减少，下面简单介绍一下与其配套的电缆接头。

（1）铅套管式电缆接头。铅套管式电缆接头是 35kV 及以下油浸纸绝缘电缆接头的传统结构，用铅套管现场封焊在电缆金属护套上作为接头盒，内灌电缆油。铅套管式接头的盒体是用工业用纯铅（含铅量不少于 99.9%）挤压而成的铅管。

（2）热缩式电缆接头。热缩式电缆接头是在电缆接头处将不同特性的热收缩管现场加热收缩，其增强绝缘、屏蔽、护层等都是通过热收缩部件来实现的，密封和堵油是靠热收缩部件加热熔胶和耐油填充料来保证的。

（3）浇铸式电缆接头。浇铸式电缆接头是利用热固性树脂现场浇铸在电缆接头盒或接头模具内而形成的。常用的热固性树脂有环氧树脂、聚氨酯和丙烯酸酯，通常以双组分（树脂混合物和固化剂分隔成两部分包装）提供现场使用，不需要加温。热固性树脂用于多芯电缆接头，尤其是分支接头，解决了多芯导体连接处绝缘绕包困难问题，但是必须妥善处理浇铸树脂与电缆油浸纸绝缘之间的界面过渡问题和避免固化后接头内部可能出现的气泡问题。

1.2.1.2 挤包绝缘电缆接头

橡胶绝缘电缆和塑料绝缘电缆统称为挤包绝缘电缆，中低压挤包绝缘电缆接头有六类，即绕包式、热收缩式、冷收缩式、预制件式、浇铸式、模塑式。上述六类电缆接头的基本材料都是有机材料，而且都是固体绝缘，不用液体介质。另外，上述六类电缆接头通常不用机械结构的盒体，因此体积小，质量小，结构简单。

挤包绝缘电缆接头中，处理电缆外屏蔽切断处电场集中问题的方法与油浸纸绝缘电缆接头有所不同，除了用传统的应力锥（又称几何型）方式外，还可以用应力控制材料（参数型）。例如，热收缩式电缆接头和冷收缩式电缆接头中用应力控制管，绕包式电缆接头中用应力控制带，不仅使安装工艺简化，而且能减小接头体积，在 6~35kV 挤包绝缘电缆的接头中已广泛应用。可见，挤包绝缘电缆接头在材料、结构及安装工艺上都与油浸纸绝缘电缆接头有着很大的区别。

（1）绕包式。绕包式电缆接头是挤包绝缘电缆使用最早的电缆接头，其最大的特点是绝缘与半导电屏蔽层都是以橡胶为基材的自黏性带材现场绕包成型的。其所用带材有以乙丙橡胶为基材的绝缘带、半导电带、应力控制带、阻燃带；以丁基橡胶为基材的绝缘带、抗漏电痕迹带、阻燃带；还有以聚氯乙烯或其他塑料为基带的各种保护带、相色带和低压绝缘带等。

绕包式电缆接头的优点在于其主体结构是在现场成型的，而所用材料（主要是不同特性的带材）在一定的电压范围内是通用的，因此使工厂生产趋于简单化，且不受电缆结构尺寸的影响。其缺点也在于它是现场成型的，所以附件的质量受环境条件（如空气湿度、灰尘等）的影响较大，而且随施工人员的素质不同有较大差异。

（2）热收缩式。挤包绝缘电缆用热收缩式电缆接头与油浸纸绝缘电缆用热收缩式电缆接头基本相同。其增强绝缘、屏蔽、护层、雨罩及分支套等均为热收缩部件，主要不同处在于油浸纸绝缘电缆热收缩式接头需要用隔油管和耐油填充胶。挤包绝缘电缆热收缩式接头中，电场控制是采用应力控制管或应力控制带来实现的。

（3）冷收缩式。冷收缩式电缆接头是将弹性体材料（常用的有硅橡胶和三元乙丙橡胶）在工厂内注射硫化成型的，再扩径，衬以塑料螺旋支撑物，构成各种电缆接头部件。冷收缩式电缆接头结构如图1-16所示。现场安装时，将这些预扩张件套在经过处理后的电缆末端或接头处，抽出内部支撑的塑料螺旋条，压紧在电缆绝缘上而构成电缆接头。这种电缆接头是由美国3M公司开发的，称为快速安装终端（Quick Term）或接头。由于其在常温下靠弹性回缩力，而不是像热收缩式电缆接头那样要用火加热收缩，因此又称冷收缩式电缆接头。早期的冷收缩式电缆接头只是增强绝缘，故采用硅橡胶冷缩部件，电场处理仍采用应力锥形式或应力带绕包式；现在普遍都采用冷缩绝缘件加冷缩应力控制管，电压等级为10～35kV。

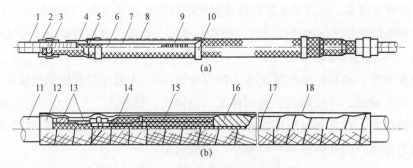

图1-16 冷收缩式电缆接头结构

（a）线芯接头；（b）电缆接头

1—屏蔽铜带；2—橡胶自黏带；3—恒力弹簧；4—半导电带；5—电缆外半导电层；6—绝缘线芯；
7—冷缩接头主体；8—屏蔽铜网；9—导体连接管；10—PVC胶黏带；11—电缆外护层；
12—橡胶自黏带；13—防水带；14—钢带跨接线；15—线芯接头；16—PVC胶黏带；
17—填充带；18—铠装带

冷收缩式电缆接头具有体积小，操作方便，迅速，无须专用工具，使用范围宽，产品规格少等优点。与热收缩式电缆接头相比，不需用明火加热，且在安装以后，挪动或弯曲不会像热收缩电缆接头那样出现接头内部层间脱开的危险（因为冷收缩式电缆接头靠弹性压紧力）。其与预制件式电缆接头相比，虽然都是靠弹性压紧力来保证内部界面特性的，但是它不像预制件式电缆接头那样与电缆截面一一对应，因而规格较少。

（4）预制件式。预制件式电缆接头在中压级挤包绝缘电缆线路中应用很普遍，它不仅安装比较方便，更重要的是其电缆接头和终端头的增强绝缘和屏蔽层预先在工厂中做成了一个整体，从而使现场安装制作过程中带来的各种不利因素的影响降低到最低程度。预制件式电缆接头的主要部件为合成橡胶预制件，常用材料有三元乙丙橡胶（Ethylene Propylene Diene Monomer，EPDM）和硅橡胶（Silicone Rubber，SIR）两种。

按结构和安装操作的不同，预制件式电缆接头又分为两类。一类是仅将电缆接头需要的增强绝缘和屏蔽层（包括应力锥）在工厂生产时组合为一体，现场套装在经过处理后的电缆末端或接头处，电缆导体连接方式及电缆接入电器设备方式仍与其他电缆接头相同，这类预制件式接头称为预制件装配式接头。另一类不仅将电缆接头需要的增强绝缘和屏蔽层（包括应力锥）在工厂生产时就组合为一体，而且带有导体连接金具，安装在电缆上以后，通过一个过滤件直接插入或借助螺栓连接到电器设备中，需要时也可分开。其最大的特点是带电导体完全封闭在绝缘内部，不暴露在外，因此又称可分离连接器。

预制件式接头与其他类型的接头相比还有其独到之处，因为预制件式接头中电缆导体连接处有一个内屏蔽结构，它将导体连接处电场畸变、电缆绝缘轴向收缩及切削电缆绝缘反应力锥等很难处理的问题都予以回避了，这是其他类型的接头所不能比拟的。

（5）浇铸式。浇铸式电缆接头所用的材料有环氧树脂、聚氨酯和丙烯酸酯等，在挤包绝缘电缆上使用较多的是聚氨酯，主要用作直通接头和分支接头。固化后的聚氨酯具有较高的弹性，其膨胀系数也比较接近挤包绝缘电缆材料的膨胀系数，这对提高接头内电缆绝缘与增强绝缘的界面特性非常有利。聚氨酯和聚氯乙烯有较强的结合力，因此用作聚氯乙烯绝缘接头更显其优越性。

（6）模塑式。模塑式电缆接头主要用在 35kV 及以上交联电缆直通接头上。它是利用辐照交联或化学交联的聚乙烯薄膜带材绕包在经过处理后的电缆接头处，借助于专用模具（铝模或耐热张力带）压紧，并加热成型的接头。辐照交联聚乙烯带材在生产过程中，经过预拉伸处理（在 100℃下拉伸 30%，再冷却切卷），绕包成接头后，经加热有回缩的作用，使绕包的带材层间气隙受到压缩，从而有提高气隙放电电压的作用。因此，这种接头的局部放电水平较高，适合于制作电压等级较高的电缆接头。由于绕包和加热时间长，模塑式电缆接头目前使用较少。

1.2.2 高压电缆接头

1.2.2.1 塑料电缆接头

由于目前国内高电压等级电力电缆多采用交联聚乙烯作为主绝缘，因此对其中间接头进行详细介绍。由于高压塑料电缆没有浸渍剂，只需要普通接头与绝缘接头。按其制作工艺分，有绕包带型、预制式、模注型三种接头。

1. 绕包带型接头

绕包带型接头的特点是工艺简便，价格低廉。把电缆外护层、绝缘屏蔽按规定尺寸剥除，对电缆绝缘表面进行整修，并且削成铅笔尖形状的反应力锥，再进行导体连接，对导体连接进行光洁处理之后绕包内屏蔽层、增绕绝缘自粘带及绝缘屏蔽，并套上外壳。以上工作均在现场制作。这种接头的缺点是允许工作场强低，所以结构尺寸大，性能低，工人劳动强度也大。绕包带型接头基本上仅用在 66kV 级及以下连接头中，广泛采用的是乙丙橡胶绝缘自粘带。此外，绕包带型接头故障率高，目前国内新投入的高压电缆接头已不再采用这种形式的电缆接头。交联聚乙烯电缆绕包带型接头结构如图 1－17 所示。

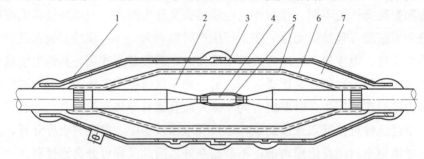

图 1－17　交联聚乙烯电缆绕包带型接头结构

1—防水层；2—绝缘带；3—外壳；4—压接套；5—屏蔽带；6—金属编织带；7—防水浇铸剂

2. 预制式接头

预制式接头由于附件本身在工厂中制作，其屏蔽层和绝缘层的尺寸完全采用标准化生产，因此减小了现场的施工强度，操作方便，同时也有利于控制施工质量，目前在现场应用最为广泛。

预制式接头目前有两种：一种是用整体乙丙橡胶或硅橡胶做成预制件，高压屏蔽及应力锥屏蔽均模铸在乙丙橡胶或硅橡胶中，如图 1－18 所示；另一种为高压屏蔽浇铸在环氧元件中，两侧电缆用乙丙橡胶预制件做成应力锥元件，把橡胶应力锥推到环氧元件内，并用弹簧施加压力，环氧与乙丙橡胶的交界面、乙丙橡胶与电缆的交界面压力应保持稳定，确保电气可靠，如图 1－19 所示。

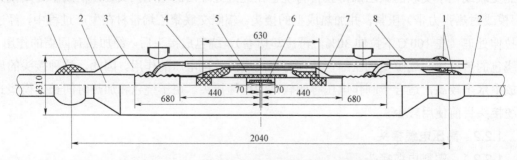

图 1－18　110kV 整体橡胶预制式接头结构

1—密封带；2—电缆；3—灌封胶；4—保护壳体；5—橡胶绝缘件；6—导体压接管；7—热收缩管；8—同轴电缆

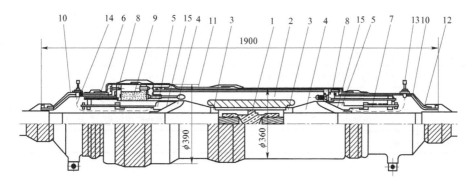

图 1-19 三件式预制式接头结构

1—导体压接套；2—环氧元件；3—塞止；4—橡胶预制件；5—压接管；6—压紧金具 A；
7—压紧金具 B；8—中间法兰；9—环氧绝缘筒；10—电缆保护金具；11—防腐层；12—防腐绕包带；
13—局放测试用端子；14—局放测试用引线；15—局放测试电极

3. 模注型连接头

目前国内不同厂家开发的模注接头名称有所不同，比如免维护接头（Maintenance-Free Molded Joint，FMJ）或者模注熔接头（Mould Melt Joint，MMJ），但是其原理是一致的。其核心在于按电缆原材料、主体结构与规格要求，通过焊接和绝缘交联工艺，将两端电缆的高压屏蔽、绝缘与外屏蔽熔融结合，形成无应力锥、无可活动界面的电缆相融体。

在电压等级上，国内厂家的电缆模注接头理论上可用于 500kV 及以下的交流 XLPE 陆上电缆和海底电缆、±320kV 及以下的直流 XLPE 陆上电缆和海底电缆。但在陆上电缆工程中，模注接头在 35kV 及以下电压等级中应用较多。

由于模注接头采用逐层恢复工艺，并且其导体、导体、内屏蔽、绝缘及外屏蔽结构材料和尺寸与本体基本一致，因此其机械性能和弯曲性能与本体基本一致，理论上可以降低电缆接头进水、错位、机械性能较差等风险，并且体积较小，从而更适用于一些空间狭小、需要弯曲的位置，也可以用于抢修弯曲部位的故障电缆。但是，由于其逐层恢复工艺相对复杂，其制作成本及周期也相对较长。模注接头的制作成本约为常规预制接头的 3~5 倍，单个 110kV 模注接头的制作周期约为 5 天，单个 220kV 模注接头的制作周期约为 7 天。模注接头与预制式接头的对比如表 1-5 所示。

表 1-5   模注接头与预制式接头的对比

项目	模注接头	预制式接头
结构尺寸	导体、内屏蔽、绝缘及外屏蔽结构材料和尺寸均与本体一致	绝缘和屏蔽结构采用其他材料替代，尺寸偏大
导体连接	焊接技术，等直径、低电阻、抗拉强度高	整体压接，电阻偏大，抗拉强度低
绝缘制作	交联工艺，与电缆本体熔融结合，消除界面，电场分布与原电缆等值均匀	预制件装配，与电缆本体间存在可活动界面
电气性能	与本体基本一致	能达到使用要求
机械性能	与本体基本一致	较差

项目	模注接头	预制式接头
弯曲性能	与本体基本一致	较差
制作成本	较高，为常规预制接头 3～5 倍	较低
施工时间	中低压电缆接头，0.5 天/个(组)	中低压电缆接头，0.5 天/个(组)
	高压电缆接头，5～7 天/个	高压电缆接头，2 天/个
施工难度	较高	较低

1.3 电力电缆终端结构及分类

电力电缆终端是安装在电缆末端，以保证电缆与电力系统中其他部分的电气连接。电缆终端按用途可分为户内终端、户外终端、设备终端（包括固定式和可分离式两类），按结构可分为浇铸式、瓷套式、绕包式、热收缩式、预制件装配式。

1.3.1 中低压电缆终端

1.3.1.1 油浸纸绝缘电缆终端

1. 瓷套式终端

瓷套式终端的主体结构由金属盒加瓷套管组合而成，内灌沥青基绝缘剂。瓷套式终端使用历史最悠久，目前国内仍在生产和使用的有鼎足式铸铁终端、倒挂式铸铁（或铝合金）终端、扇形铸铁终端及瓷质终端（无金属盒体）等，其盒体结构虽有差异，但安装工艺（尤其是终端头内绝缘处理）基本相同。

2. 浇铸式终端

浇铸式终端是利用热固性树脂现场浇铸成型的电缆终端。用于电缆附件的热固性树脂有环氧树脂、聚氨酯和丙烯酸酯等，我国用得较多的是环氧树脂。制作电缆附件的热固性树脂一般都是工厂配制成两组分（树脂混合物和固化剂分隔包装），现场混合搅拌后浇铸到盒体模具内，不须加热，常温下固化，故称冷浇铸式。

3. 热收缩式终端

热收缩式终端比传统的瓷套式终端轻，安装也较为方便。但由于是粘性浸渍纸绝缘电缆，在加热热缩管时，若操作不当会使电缆油流出，影响密封。同时，粘性浸渍纸绝缘电缆在干枯的情况下不能长期运行（主要针对 10kV 及以上电压等级），否则会影响其运行寿命。为此，热收缩式终端用在粘性浸渍纸绝缘电缆上时必须采取相应措施，如一些厂家在热收缩式终端内绝缘线芯分叉处加储油杯。热收缩式终端用于不滴流油纸绝缘电缆较为合适。

1.3.1.2 挤包绝缘电缆终端

中低压挤包绝缘电缆终端与接头一样，可以分为绕包式、热收缩式、冷收缩式、预制件式、浇铸式、模塑式六类。由于其特点与接头基本相同，此处不再赘述。

1.3.2 高压电缆终端

高压电缆终端在结构上一般由以下几部分组成：① 内绝缘，起到改善电缆终端电磁分布的作用，通常有增强式及电容式两种结构；② 内外绝缘隔离层，保护电缆绝缘不受外界媒质的影响，一般由瓷套或环氧套管组成；③ 出线梗，把电缆导体引出，可以与架空线或其他电气设备相连；④ 密封结构；⑤ 屏蔽帽；⑥ 固定金具。

高压电缆终端可分为敞开式终端、全封闭变电站用电缆终端（又称 GIS 终端）、油浸变压器用终端（又称象鼻终端），下面分别对其进行介绍。

1.3.2.1 敞开式终端

敞开式终端用于连接电缆与架空线，或在大气条件下与变压器套管及其他电器设备相连。

1. 瓷套式终端

瓷套式终端主要由出线杆、应力锥、绝缘填充剂（硅油）、瓷套、支持绝缘子、底板等金具组成，如图 1-20 所示。应力锥采用三元乙丙橡胶注射模压成型，瓷套采用具有优良性能的高强瓷，瓷套内填充优质绝缘填充剂。所有密封圈均为耐油、耐环境老化的橡胶制品，关键部位采用双密封结构，以避免终端运行过程中出现渗水、漏油等现象。所有金具采用防腐材料及防腐结构，设计寿命为 30 年。

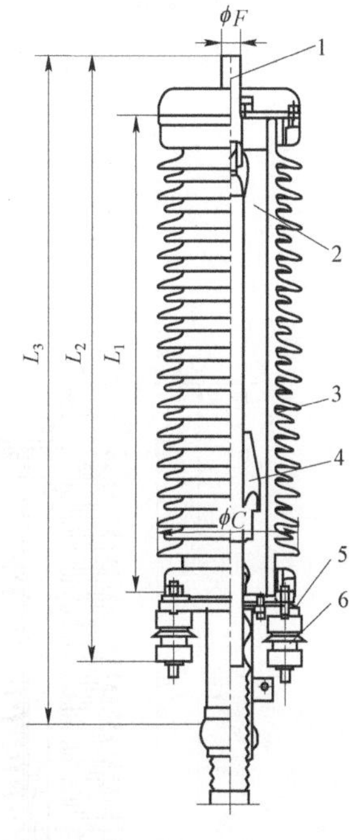

瓷套式终端的主要特点如下：

（1）应力锥有限元优化设计，电气性能优异。

（2）三元乙丙橡胶配方独特，其抗老化性能优异，长期使用无应力松弛，延长应力锥使用寿命。

（3）瓷套内填充优质绝缘填充剂，无须加热，快速填充，节省施工时间，与橡胶应力锥完全相容，确保长期安全使用。

（4）独特的双密封结构，避免终端运行过程中出现渗水、漏油现象。

（5）出线杆表面全部电镀银处理，降低接触电阻，提高载流量。

（6）高强瓷套具有良好的耐气候性、抗漏痕、抗电蚀和憎水性能。

2. 复合套式终端

复合套式终端适用于对防爆有特殊要求的场合。其复合套管由环氧玻璃纤维围绕管，以及外部覆盖耐气候的绝缘硅橡胶伞群的合成绝缘式外绝缘组成。应力锥采用三元乙丙橡胶注射模压成型，与套管内部填充的优势绝缘填充剂完全相容。所有密封圈均为耐油、耐环境老化的橡胶制品，关键部分均采用双密封结构，以避免终端运行过程中出现渗水、漏

图 1-20 瓷套式终端结构
1—出线杆；2—绝缘填充剂（硅油）；3—瓷套；4—应力锥；5—底板；6—支持绝缘子

油等现象。所有金具采用防腐材料及防腐结构，设计寿命为 30 年。典型的交联聚乙烯电缆复合套式终端结构如图 1-21 所示。

复合套式终端的主要特点如下：

（1）机械特性、防爆性能和抗震性能优异，适用于地震多发区及城市中心。

（2）质量小，同电压等级下复合套管质量不足瓷套质量的 20%，便于装卸运输，有利于安装操作。

（3）抗污性、抗紫外线、抗老化性和憎水性能优异。

（4）所有金具进行防腐处理，满足设计寿命 30 年的使用要求。

3. 全预制干式终端

全预制干式终端的应力锥、外绝缘及伞群是整体浇铸成型的，材料均为优质的特种液态硅胶（Liquid Silicone Rubber，LSR）。全预制干式终端采用工厂预扩张结构，安装时只需将终端套入按要求处理好的电缆端部位置即可实现快速安装。此终端也可在地面安装，安装好后拉至指定位置固定。全预制干式终端适用于抢修工程、临时用电及对防爆有特殊要求的场合及城市中心。典型的交联聚乙烯电缆全预制干式终端结构如图 1-22 所示。

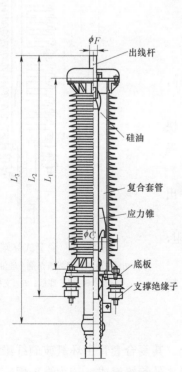

图 1-21　复合套式终端结构

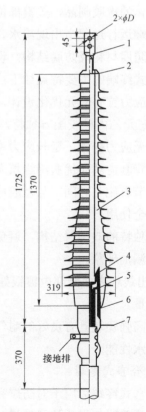

图 1-22　全预制干式终端结构

1—出线杆；2—屏蔽罩；3—主绝缘；4—应力锥；
5—定位环；6—集流环；7—安装支架

全预制干式终端的主要特点如下：

（1）全干式绝缘设计，硅橡胶伞群及应力锥，无油、防爆、免维护。

（2）体积小，质量小，安装时不需要大型起吊设备，便于安装。

（3）可适应直立、横卧的安装方式。

（4）整体一次成型，特有的伞群结构可满足终端户外使用要求。

（5）防污等级可以达到Ⅳ级。

（6）液态硅胶材料具有良好的电气性能和憎水性能，抗闪络、紫外线、污秽。

1.3.2.2 GIS 终端

GIS 终端用于电缆与全封闭变电站连接，封闭于 SF_6 绝缘气体中。GIS 终端的结构紧凑，不受外界大气条件影响，在沿海污染地区、城市中心及高海拔地区应用广泛。根据用户的需求不同，GIS 终端按产品结构可分为压接式和插拔式两种。压接式 GIS 终端需要现场先连接压接导体，将电缆线芯压接好后，再和环氧套管等其他零部件组装成一个完整的电缆终端。将完整的电缆终端插入 GIS 电缆仓内，完成接口对接和界面密封后，才能对整个 GIS 开关进行抽真空、充 SF_6 气体等绝缘过程处理。GIS 终端的单相或局部缺陷可能会导致对整个 GIS 开关设备的重新绝缘处理。插拔式 GIS 终端由均压罩、延伸导体、梅花触头、环氧套管、橡胶应力锥、强力弹簧等部件组成。环氧套管、延伸导体、梅花触头的动触头等部件可以作为单独部件先期提供给用户，用户在电缆终端正式安装前就可以进行设备的绝缘处理过程。电缆或电缆终端故障时，可在不打开 GIS 设备气体隔室的情况下进行拆卸维护，维修方便，缩短了故障设备重新投运时间，维修成本较低。

典型的交联聚乙烯电缆 GIS 终端结构如图 1-23 所示，其采用三元乙丙胶预制式应力锥、环氧套管加锥形弹力弹簧托架结构。依靠应力锥和环氧套管内锥斜面形成的压紧力分别满足电缆绝缘和应力锥界面、应力锥和环氧套管界面的电气强度要求。

1.3.2.3 象鼻终端

象鼻终端用于电缆直接进入变压器的情况，它与变压器出线端相连，在结构上有直接式和简接式两种。直接式象鼻终端的电缆终端顶部与变压器顶端机械地连接在一起，并封闭在一个单一的顶屏蔽罩内。其结构简单，但是如果发生事故，无法明确是电缆制造者的责任还是变压器套管制造者的责任，而且修复困难。简接式象鼻终端的电缆终端顶部与变压器套管顶部在机械上是分开的，各有一个顶端屏蔽，电气连接由一个绝缘连臂相连。它的结构比直接式象鼻终端复杂，但责任明确，而且两个终端分处两方，一旦发生事故可以分别加以处理。高电压系统一般采用简接式。象鼻终端的结构与全封闭电缆头基本相仿，用瓷套或环氧套管隔离内、外绝缘。内绝缘可以用环氧增强式或电容式，外绝缘充填变压器油。典型的交联聚乙烯电缆象鼻终端结构如图 1-24 所示。

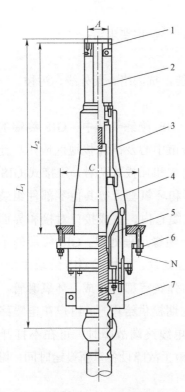

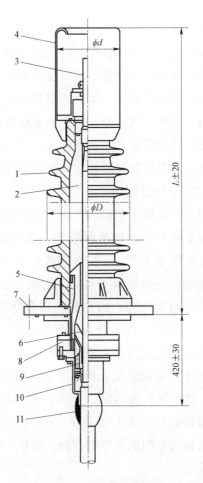

图 1-23　GIS 终端结构

1—顶部金具；2—出线杆；3—环氧套管；4—应力锥；

5—弹簧托架；6—法兰；7—尾管

图 1-24　象鼻终端结构

1—瓷套；2—绝缘填充剂；3—出线梗；4—屏蔽帽；

5—环氧绝缘套管；6—橡胶增强绝缘；7—底板；

8—底板绝缘；9—弹簧；10—尾管；11—保护带

2

电缆线路交接试验技术

电力电缆投运前可能存在因设计不合理、工艺制造缺陷、运输过程损坏、安装施工工艺不良等导致的绝缘性能下降而不满足运行条件的潜在风险，因此其投运前交接及诊断性试验意义重大。电缆线路交接耐压试验主要有耐压试验、局放试验及接地系统等试验项目，其要求如下：

（1）电缆交接试验一般要求。对电缆的主绝缘进行耐压试验或绝缘电阻测量时，应分别在每一相上进行。对一相进行试验或测量时，其他两相导体和金属屏蔽（金属套）一起接地。试验结束后应对被试电缆进行充分放电。对金属屏蔽（金属套）一端接地，另一端装有护层电压限制器的单芯电缆主绝缘做耐压试验时，应将护层电压保护器短接，使这一端的电缆金属屏蔽（金属套）临时接地。对于采用交叉互联接地的电缆线路，应将交叉互联箱进行分相短接处理，并将护层电压保护器短接。

（2）主绝缘交流耐压试验要求。采用频率范围为 20～300Hz 的交流电压对电缆线路进行耐压试验，对 66kV 及以上电缆线路，在主绝缘交流耐压试验期间应同步开展局部放电检测。

（3）局部放电测试试验要求。对 35kV 及以下电缆线路，交接试验宜开展局部放电检测。对 66kV 及以上电缆线路，在主绝缘交流耐压试验期间应同步开展局部放电检测。

（4）外护套直流电压试验要求。对单芯电缆外护套连同接头外保护层施加 10kV 直流电压，试验时间 1min。

2.1 变频耐压试验技术

2.1.1 耐压试验技术对比分析

目前交联聚乙烯电缆交流耐压试验主要有超低频耐压试验、振荡波耐压试验、调感式工频串联谐振试验、变频串联谐振耐压试验。

超低频耐压试验是鉴定交联聚乙烯绝缘强度的直接方法，CIGRE WG21.09 工作组推荐将超低频耐压试验用于中低压交联聚乙烯电缆绝缘耐压试验。由于使用的频率较低，可以降低试验设备的容量，减小试验设备的体积和质量，因此超低频耐压试验适合现场应用。但是该试验的缺点是试验条件与工频耐压下的一致性较差，在高压、超高压电缆耐压试验应用较少。

振荡波耐压试验是直流电源给电缆充电，通过一组串联电阻和电抗放电，形成阻尼振荡电压。阻尼振荡波电压源频率范围为 20~300Hz，广泛应用于低压电缆，但其在高压电缆中的应用尚需积累经验。

调感式工频串联谐振试验的主要原理是通过调节电抗器的感抗来与被试品在 50Hz 频率时谐振，从而产生工频高压。其在电缆耐压试验时具有波形好、自我保护能力强的优点；但是其电感调节结构、系统品质提升能力等问题使其在现场应用中受到限制。

变频串联谐振耐压试验通过改变系统频率使电抗器与试验电缆形成谐振，从而在试验电缆上产生高电压。由于其品质因数较高，其试验所需电源容量远小于被试品的试验容量，降低了对供电系统的要求。另外，试验频率为 20~300Hz，与传统工频耐压等效性好。变频串联谐振耐压试验设备还具有对试品损伤小，试验设备功率小，现场实施可行性好的优点，被认为是目前最切实可行和经济有效的高压试验方法。

2.1.2 变频耐压试验技术标准

高压电缆耐压试验目前使用的标准有国际大电网会议推荐标准、IEC 标准、国家标准及企业标准。根据高压电缆耐压试验标准，可为高压电缆的现场耐压试验提供依据。

CIGRE WG21.09 在《高压挤包绝缘电力电缆竣工试验建议导则》中推荐 60~500kV 电缆现场试验使用工频或类似工频（30~300Hz）的交流电压，具体如表 2-1 所示。

表 2-1　　　　　　　CIGRE WG21.09 推荐的电缆试验电压

额定相间电压 U（kV）	推荐的现场试验电压 U_0（相—地电压）的倍数	耐压时间（min）
60~115	$2.0U_0$	60
139~150	$1.7U_0$	60
220~230	$1.4U_0$	60
275~345	$1.3U_0$	60
380~400	$1.2U_0$	60
500	$1.1U_0$	60

注　U_0 为电缆导体对金属屏蔽之间的额定工频电压。

IEC 60840：2004《额定电压 30kV 以上至 150kV 挤包绝缘电力电缆及其附件——试验方法和要求》以及 IEC 62067：2001《额定电压 150kV 以上至 500kV 挤包绝缘电力电缆及附件——试验方法和要求》规定的 30~500kV 电压等级电缆耐压试验要求如表 2-2 所示。

表 2-2　　　　　　　IEC 有关试验标准规定电缆试验电压

电压等级（kV）	试验电压	时间（min）
30~110	$2U_0$	60
220	$1.4U_0$ 或 $1.7U_0$	60
330	$1.4U_0$ 或 $1.7U_0$	60
500	$1.4U_0$ 或 $1.7U_0$	60

GB/T 11017.1—2014《额定电压 110kV（U_m=126kV）交联聚乙烯绝缘电力电缆及其附件 第 1 部分：试验方法和要求》、GB/Z 18890.1～18890.3—2015《额定电压 220kV（U_m=252kV）交联聚乙烯绝缘电力电缆及其附件》及 GB/T 22078.1—2008《额定电压 500kV（U_m=550kV）交联聚乙烯绝缘电力电缆及其附件 第 1 部分：额定电压 500kV（U_m=550kV）交联聚乙烯绝缘电力电缆及其附件——试验方法和要求》建议的电缆耐压试验要求如表 2−3 所示。

表 2−3 国家标准有关挤包绝缘电缆推荐试验电压

电压等级（kV）	试验电压	试验时间（min）
110	$2U_0$	60
220	$1.4U_0$ 或 $1.7U_0$	60
500	$1.1U_0$ 或 $1.7U_0$	60

GB 50150—2016《电气装置安装工程 电气设备交接试验标准》规定的橡塑电缆 20～300Hz 交流耐压试验的试验要求如表 2−4 所示。

表 2−4 国家标准有关电气装置工程电气设备交接规定试验电压

额定电压（kV）	试验电压	试验时间（min）
35～110	$2U_0$	60
220	$1.7U_0$ 或 $1.4U_0$	60
330	$1.7U_0$ 或 $1.3U_0$	60
500	$1.7U_0$ 或 $1.1U_0$	60

Q/GDW 11316—2014《电力电缆线路试验规程》规定新投运电缆线路采用 20～300Hz 的交流电压对电缆线路进行耐压试验，交联聚乙烯电缆线路交流耐压试验的试验要求如表 2−5 所示。

表 2−5 Q/GDW 11316—2014《电力电缆线路试验规程》
有关交联聚乙烯电缆耐压试验的要求

额定电压（kV）	试验电压	时间（min）
35～110	$2U_0$	60
220	$1.7U_0$	60
330	$1.7U_0$	60
500	$1.7U_0$	60

综上对比分析可知，对于 110kV 高压电力电缆交接耐压试验，各标准在试验电压和试验时间上无差别；而对于 220kV 及以上电力电缆交接耐压试验，Q/GDW 11316—2014 规定采用 $1.7U_0$、60min 的耐压试验，IEC、国家标准规定试验电压可通过协商的方式采用 $1.7U_0$

或者 $1.4U_0$，CIGRE 更是推荐电压采用 $1.4U_0$。Q/GDW 11316—2014 标准在高压电力电缆交接试验电压上要求更高。

2.1.3 变频耐压试验基本原理

变频耐压试验通过改变系统频率使电抗器与试验电缆形成谐振，从而在试验电缆上产生高电压，其原理如图 2-1 所示。

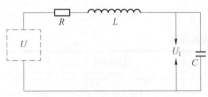

图 2-1 变频耐压试验原理

根据谐振原理，当电抗器 L 的感抗值 X_L 与回路中的容抗值 X_C 相等时，回路达到谐振状态。此时，回路中仅回路电阻 R 消耗有功功率，而无功功率则在电抗器与试品电容之间来回振荡，从而在试品上产生高压。

变频耐压试验由于其与工频电压良好的等效性，以及由于采用谐振耐压试验装置而使电源系统质量减轻，具有良好的现场可操作性，其优点为：

（1）变频耐压试验频率为 20～300Hz，变频串联谐振耐压试验与工频耐压试验等效性好。

（2）类型设备因体积小，质量小，谐振频率易于调节，因而宜在现场试验中使用。

（3）由于其品质因数较高，其试验所需电源容量远小于被试品的试验容量，降低了对供电系统的要求。

（4）变频耐压试验设备具有对试品损伤小，试验设备功率小，现场实施可行性好的优点。

2.1.4 典型设备

目前，变频耐压试验系统一般由变频柜、励磁变压器、电抗器、分压器等主要设备组成，如图 2-2 所示。高压试验系统的组件和负载（被试验的电力电缆）组成某个固有频率的振荡电路。

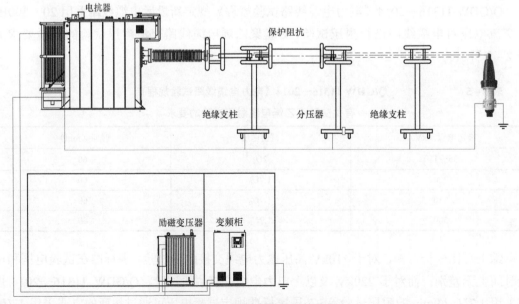

图 2-2 调频串联谐振接线图

高压串联谐振的主回路主要由被试品电容和电抗器组成。激励变压器的高压绕组提供谐振频率的激励电压，为高压主回路提供持续稳定的谐振，不同试品电容下靠调节频率达到谐振。调频调压回路主要由变频器、调压器及滤波器组成。由于大功率电力电子技术的应用，调频串联谐振系统的品质因数非常高。

目前，国内外典型设备的区别主要是电抗器不同，分为绝缘管式电抗器变频耐压试验装置和金属外壳式电抗器变频耐压试验装置。

1. 绝缘管式电抗器变频耐压试验装置

绝缘管式电抗器变频耐压试验装置的主要设备有开关柜、变频电源、励磁变压器、电抗器、电容分压器兼耦合电容器、控制和测量装置。

国外的绝缘管式电抗器变频耐压试验装置有 HVRF 系列，国内有扬州鑫源 XZF 系列、上海思源 VFSR 系列、苏州华电 HDSR－F 系列和苏州海沃 HVRF 系列，典型设备如图 2－3 所示。

图 2－3　绝缘管式电抗器变频耐压试验装置

2. 金属外壳式电抗器变频耐压试验装置

目前金属外壳式电抗器变频耐压试验装置较典型的结构由金属外壳式电抗器、变频柜、隔离阻抗、分压器、励磁变压器等多个独立设备组成。该类型设备的电抗器容量大，设备体积大，现场吊装难度大，一般现场应用时多采用车载改装。车载改装可有效利用空间，既使变频柜、励磁变压器、分压器、隔离阻抗、绝缘支撑、连接电缆和其他附件安全可靠地固定，不受运输时外部震动的影响，也能方便地取出搭建现场试验平台。

目前该产品主要为德国的 WRVT 系列，如图 2－4 所示。

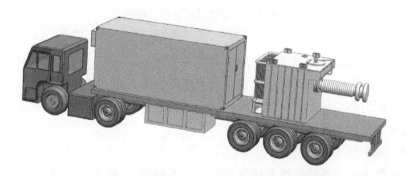

图 2－4　车载金属外壳式电抗器变频耐压试验装置

3. 两种电抗器的区别

（1）绝缘管式一般由单极和串级组成，一般绝缘管材料为环氧增强玻璃纤维，通常在额定电流下短时间工作。

（2）绝缘管式容量较小，现场串级、并接或串并接。串、并联要求有足够多的底座，同时至少有一组具有足够的稳定度，能调节水平，有起吊装置。

（3）受制于成本及工艺水平，绝缘管式组成的谐振系统试验品质因数较小，一般不超过 100。

（4）金属外壳式主要应用于大容量试品，品质因数较大，一般为 100~200。

（5）金属外壳式单台容量大，一般采用车载结构，现场不需要吊装，操作方便。

进行电力电缆交接耐压试验时，相关人员应熟悉电力电缆的耐压实验前准备工作、劳动组织及人员要求、工器具与仪器仪表准备、危险点分析与预防控制措施、试验接线，以及耐压验收报告编写的工作要点和注意事项，具体方法参见附录 1。

2.2 分布式局部放电检测技术

2.2.1 分布式局部放电检测基本原理

2.2.1.1 局部放电基本原理

高压电力电缆绝缘内部产生局部放电由多种因素导致，主要有气泡、杂质、导体表面的毛刺等，而这些就是发生局部放电的根源。

图 2-5（a）中，c 为气隙，δ 代表气隙的厚度，b 为与气隙串联部分的介质，t 为绝缘介质的厚度，a 为除了 b 之外其他部分的介质。假定这一介质处于平行板电极之中，在交流电场作用下，气隙和介质中的电过程可以用图 2-5（b）所示的等效电路来分析。

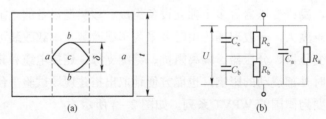

图 2-5 局部放电的等效电路
(a) 绝缘材料内部含气隙图；(b) 绝缘材料内部含气隙等效电路

交变电场中气隙的电场强度比介质中的电场强度高。另外，气体的击穿场强，即气隙发生击穿时的电场强度一般比固体的击穿场强低。因此，当外加电压足够高时，气隙首先被击穿，而周围的介质仍然保持其绝缘特性，电极之间并没有形成贯穿性的通道，这种现象就称为局部放电。

2.2.1.2 局部放电检测的方法

局部放电作为电缆线路绝缘故障早期的主要表现形式，既是引起绝缘老化的主要原因，又是表征绝缘状况的主要特征参数。电力电缆局部放电与绝缘状况密切相关，局部放电的发生预示着电缆绝缘存在可能危及电缆安全的运行缺陷，因此局部放电检测是非常重要的状态检测手段之一。目前，可用的局部放电检测方法如表2-6所示。

表2-6　　　　　　　　　　局部放电检测方法

局部放电检测方法	被测物理量
脉冲电流法	局放产生的脉冲电流
高频电磁耦合法	局放产生的电磁波
超声波法	局放产生的超声波
化学监测法	局放产生的化学反应
光学法	局放产生的发光效应

国内外众多学者已针对电缆线路中局部击穿放电表现出的电、声、光、热、化学等现象对应地研究相关检测方法，如电测法、声测法、光测法等。其中，电缆交接局部放电试验采用的方法为高频电磁耦合法，即将交联聚乙烯电缆接地线中的局部放电电流信号通过电磁耦合线圈与测量回路相连，通过电磁耦合来测量局部放电电流，在电缆和测量回路间没有直接的电气连接，如图2-6所示。

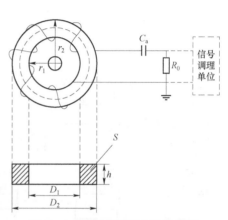

图中 C_a 表示等效电容，R_0 表示接地电阻，D_1 表示耦合线圈的内径，D_2 表示耦合线圈的外径，S 表示线圈的截面积。高频电磁耦合法是一种测量电

图2-6　高频电磁耦合法示意图

气设备局部放电的有效方法，较早应用于发电机、变压器的绝缘监测，近几年也应用于交联聚乙烯电缆的局部放电检测中。基于高频电磁耦合法原理的交联聚乙烯电缆局部放电的检测装置有很多，且传感器材料、传感器结构、检测位置、抗干扰措施等各有不同。高频电磁耦合法通常采用带铁氧体磁芯的宽频带罗戈夫斯基线圈型电流传感器，主要测量位置在电缆终端金属屏蔽层接地引线、中间接头金属屏蔽连接线、电缆本体和三芯电缆的单相电缆等位置。当电缆中存在局部放电时，金属屏蔽层中将感应出脉冲电流，当其流经传感器时会在二次绕组上感应出信号，这样便可获取局部放电信息。

高频电磁耦合法的优点是结构简单，安装方便，与电缆无直接电气连接，不需要在高压端通过耦合电容器来取得局部放电信号，适用于电缆金属护层带有接地引出线时的现场检测，技术相对成熟，应用较广泛。高频电磁耦合法的缺点是高频信号传输时衰减严重，影响灵敏度；检测频段在数十赫兹到数十兆赫兹之间，易受外界噪声干扰。

2.2.1.3 分布式局部放电检测基本原理

由于交接试验现场情况复杂，接头数多，因此现场采用分布式方法进行局部放电检测。

该技术是在同一条电力电缆线路上同时布置多个测试点，同时对每个测试点的局部放电数据进行精确同步采样，将每个测试点的局部放电数据上传至远程服务器进行异地存储和实时分析。由于局部放电信号在电力电缆上经过一段时间传输后，其时域和频域同时发生了衰减，因此通过判断衰减程度可以实现对电缆绝缘缺陷的识别和定位。对存储在远程服务器上的局部放电数据进行分析，还可以充分地挖掘局部放电数据的二次利用价值，更好地判断局部放电信号来自电缆内部还是外部干扰。

分布式局部放电须分别在电缆各中间接头、终端处布置局部放电采集单元，各局部放电采集单元通过光纤通信渠道与处理终端主机相连接，从而实现对电缆线路整体局部放电状态的检测。由此可见，分布式局部放电检测典型系统由 3 个部分组成：分布式局部放电采集单元、分布式局部放电通信单元和分布式局部放电采集工作计算机，系统总体框图如图 2-7 所示。

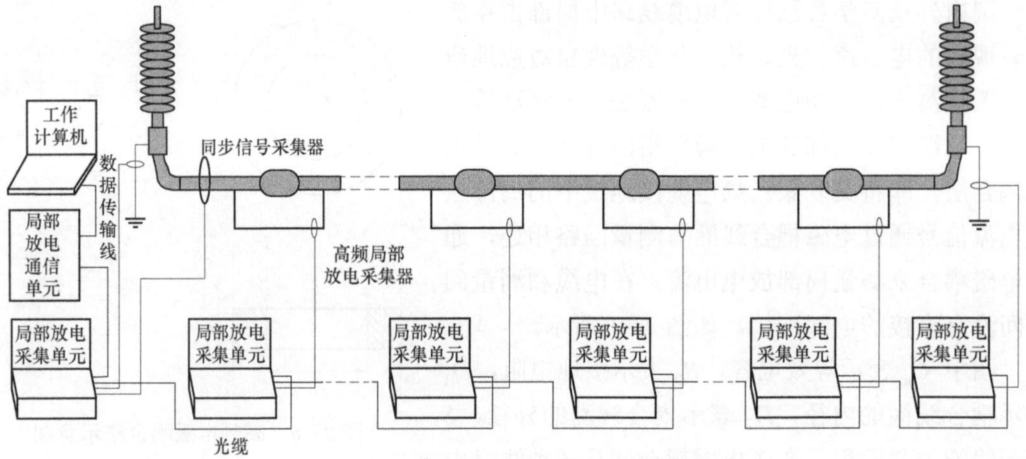

图 2-7　分布式局部放电检测系统框图

2.2.2　典型设备

目前，分布式局部放电检测主要采用光缆通信分布式局部放电检测装置和无线通信分布式局部放电检测装置两种，二者区别如下：

（1）光缆通信分布式局部放电检测装置采用光纤通信，采集与采集单元串接形成通信回路，设备采集、通知信息通过光信号进行传输，干扰小，传输数据容量大，响应速度快，适用于隧道等隐蔽工程应用。其缺点是光纤脆弱，连接接口粉尘污染等容易引起通信中断，对长距离电缆分布式局部放电检测测量中断点查询难度大、周期长，延长了试验时间；局部放电采集单元为单通道串行方式，测试换接线工作量大。

（2）无线通信分布式局部放电检测装置采用无线通信网络，采集单元通过无线通信网络与近端收发单元实现局部放电采集信息和控制信息的传输，其优点为设备安装方便，采用三通道采集，试验期间不需要换接线，工作量小；设备通信稳定，不易故障。其缺点为信号传输容量小，响应慢；在没有无线通信网络的区域（如隧道）无法应用。

光缆通信分布式局部放电检测装置及无线通信分布式局部放电检测装置，除通信方式有差异外，其时域测试范围、频域测试范围、带宽、网络段长度、可视化特征及故障定位特征等基本相同。

（1）时域测试范围是局部放电测试的时域范围，一般最小值在纳秒级，最大值在微秒级。

（2）频率测试范围指系统可测试的局部放电检测频率范围，一般在 0～50MHz。

（3）带宽表示系统的滤波功能，选择不同的带宽可对不同波段的信号进行滤波处理。

（4）网络段长度指设备容许的最大通信测试长度，一般大于 10km。

国内外典型设备有 MPD 系列、CPDM 系列。

2.3　交叉互联系统试验技术

2.3.1　基本原理

交叉互联系统试验主要对单芯电缆外护套连同接头外保护层施加 10kV 直流电压，试验时间 1min。其基本原理是：倍压整流是利用二极管的整流和导引作用，将电压分别储存到各自的电容上，然后根据极性相加的原理将它们串接起来，输出高于输入电压的高压，一般直流耐压试验根据使用电压等级采用多备用电路模型。图 2-8 所示为直流半波整流电压电路。

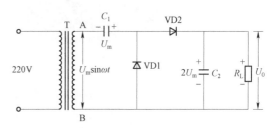

图 2-8　直流半波整流电压电路

试验时必须将护层过电压保护器断开。在互联箱中将另一侧的三段电缆金属套都接地，使绝缘接头的绝缘环也能结合在一起进行试验，然后在每段电缆金属屏蔽或金属套与地之间施加直流电压 10kV，加压时间 1min，不应击穿。电缆交叉互联系统直流耐压试验外护套接线图如图 2-9 所示。

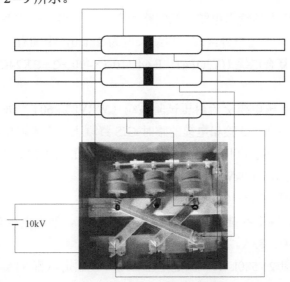

图 2-9　电缆交叉互联系统直流耐压试验外护套接线图

2.3.2 典型设备

直流高压发生器一般采用中频倍压电路制作，电压调节精度和稳定度高。直流高压发生器具有多种保护功能，如低压过电流、低压过电压、高压过电流、高压过电压、零位保护、不接地保护等。其主要参数有输出电压、输出电流、波纹系数、电压调节精度和稳定度、电压和电流测量精确度。

目前市场上的高压直流发生器有 ZGF 系列、XWF 等系列，如图 2-10 所示。

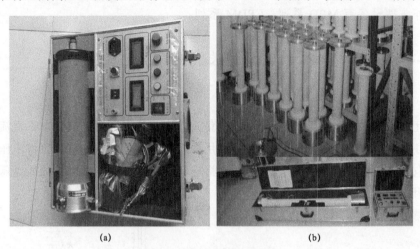

(a)   (b)

图 2-10　高压直流发生器
（a）ZGF 系列直流发生器；（b）XWF 系列直流发生器

2.4　海上风电场海底电缆线路变频耐压试验案例

2.4.1　电缆概况

案例线路为海上风电场输送电缆，线路路由自海上 110kV 变电站到岸上 110kV 线路。变电站为 GIS 终端，岸上为户外终端。电缆长度为 28km，中间有一个工厂接头。电缆型号为 110kV 海底光纤复合电缆 HYJQF41-F 64/110 3X400+2+2X24C。

2.4.2　试验设备

使用两套德国产高压电缆交流耐压试验系统（WRV83/260T）进行交流耐压试验。现场试验时将高压引线连接在试验相电缆的临时 GIS 终端上，交流耐压试验系统对电缆进行加压，加压时间为 1h。单套高压电缆交流耐压试验系统的技术参数如下：

（1）变频电源：功率 200kW，输入电压为交流 380V。

（2）频率变化范围：20～300Hz。

（3）励磁变压器：额定容量 220kVA，输入电压 550V，输出电压 0.95/1.8/2.56/3.05kV。

（4）高压输出电流：83A。

（5）电抗器：容量 21 580kVA，额定电压 260kV，额定电流 83A。

（6）电感量：16.2H。

2.4.3 试验方法与步骤

2.4.3.1 耐压试验参数计算

电缆电容量与线路长度相关，按照电缆 154nF/km 计算，电缆总长为 28km。

每相电缆总电容量：$C = 154\text{nF/km} \times 28\text{km} = 4312\text{nF}$。

试验电压：$2.0U_0 = 128\text{kV}$。

在本次试验中，由于电缆长，需要使用两套德国产 220kV 变频谐振试验系统 WRV83/260T 通过并联的方式才能满足试验要求。并联的系统及各参数如图 2-11 所示，试验参数如表 2-7 所示。

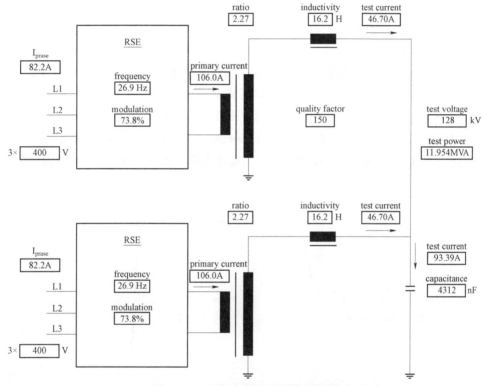

图 2-11 电缆变频耐压试验接线图

表 2-7 试 验 参 数

编号	项 目	试验参数	备注
1	试验电压	128kV	$2.0U_0$
2	负荷电容量	4312nF	154nF/km
3	总电感量	8.1H	两套并联以后
4	试验电流	93.39A	
5	试验频率	26.9Hz	
6	试验功率	11.594MVA	
7	品质因数（Q 值）估计	150	
8	变压器供电功率要求（不小于）	200kVA	
9	柴油发电机供电功率（不小于）	300kW	

2.4.3.2 耐压试验加压步骤

耐压试验流程如图 2-12 所示。

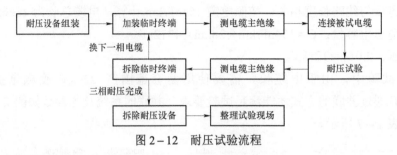

图 2-12 耐压试验流程

耐压试验整体步骤如下：

（1）电缆主绝缘绝缘电阻测量。

（2）采用 2500V 绝缘电阻表测量被试电缆主绝缘绝缘电阻。对测试相进行试验或测量时，将其他两相导体、金属屏蔽或金属套和铠装层一起接地。

（3）现场变频耐压试验。使用变频谐振耐压设备对测试相施加电压。先在 $1U_0$、$1.2U_0$ 下各加压 10min，然后升压到 $2U_0$ 持续加压 60min。完成上述工作后使试验电压稳步下降至 0，放电挂接地线并更换下一相电缆，直至三相电缆耐压测试完毕。加压程序图如图 2-13 所示。

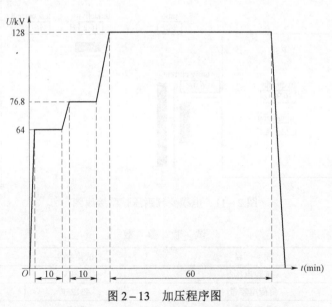

图 2-13 加压程序图

（4）现场变频耐压试验判断。试验过程中如发生闪络、击穿或异常情况，应立即暂停试验。委托方应安排人员检查电缆是否需要处理，确定能否再次进行耐压试验；试验方应检查试验设备是否损坏，如有损坏立即检修。

（5）重新试验时如再次发生闪络或击穿，委托方必须确认电缆经检查处理后符合耐压试验要求，重复试验直到试验完成。

（6）现场变频耐压试验后，测试主绝缘绝缘电阻。

（7）变频耐压试验结束后，需再次进行被试电缆主绝缘绝缘电阻测试工作，耐压试验前后的绝缘电阻测量数据应无明显变化。

（8）试验结束。挂接地线，拆除变频耐压设备、现场安全措施、围挡等，清理试验现场。

2.4.4 试验结论

试验结果表明，三相对地绝缘电阻均高于 4000MΩ，试验过程中均未击穿，通过耐压试验。

2.5 超高压电缆线路耐压时分布式局部放电同步检测试验案例

2.5.1 电缆概况

试验线路由架空线和电缆两段构成，全长 14.514km，其中电缆线路 10.8km，电缆型号为 YJLW03 − 127/220kV − 1 × 2500mm² （电容标称值为 0.233μF/km）。电缆敷设方式包括隧道、竖井、涵沟、桥架、排管、拉管等，每相 34 套附件（含户外终端和 GIS 终端）。

2.5.2 试验设备

2.5.2.1 试验设备组成及试验系统

试验设备主要包括工器具、仪器仪表和电源设施等，如表 2−8 所示。

表 2−8 　　　　　　　　　　　试 验 设 备

序号	名称	单位	数量	型号
变频耐压试验系统				
1	变频耐压试验系统	套	1	WRV83/260T
2	防晕高压引线	套	1	
3	电缆户外终端均压罩	只	2	
4	绝缘电阻表	只	1	megger
5	红外成像仪	套	1	FLIR
6	接地用铜皮	件	1	
分布式局部放电检测				
1	连接光缆及光缆盘	盘	36	
2	交叉互联短接线	根	102	
3	HFCT 传感器	只	36	
4	采集单元	台	36	
5	局部放电测量通信单元	台	1	
6	局部放电测量主机	台	1	

耐压试验测试设备采用高压电力电缆变频耐压试验系统，接线图如图 2−14 所示。电

缆耐压试验采用216kV（$1.7U_0$）、1h。根据计算结果，励磁变压器输出电流为81.9A。

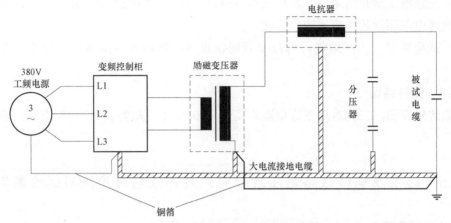

图2-14　变频耐压试验系统连接图

耐压试验需分布式局部放电同步测试，局部测试设备采用光缆通信高压电缆分布式局部放电测试系统。在每个被测电缆中间接头交叉互联箱或接地箱短接线上安装高频电流互感器，在互联箱或接地箱附近安放局部放电采集单元，共34套局部放电监测装置。

2.5.2.2　设备具体参数

在每个电缆接头附近安放局部放电采集单元，相邻采集单元之间采用光纤首尾相连，最后连接到监测主机上。设备主要技术指标如下：

（1）中心频率可调范围：0～32MHz。

（2）带宽可变范围：9kHz、30kHz、100kHz、300kHz、1MHz、3MHz。

（3）系统噪声：<20pC（频率范围最大带宽）。

（4）PD输入频带：0～30MHz（20MHz）。

（5）PD可检测范围：>1pC。

传感器（高频局部放电采集线圈）信号通过同轴电缆传输到采集单元。所有采集单元之间用光纤首尾相连，并与主机相连，如图2-15所示。

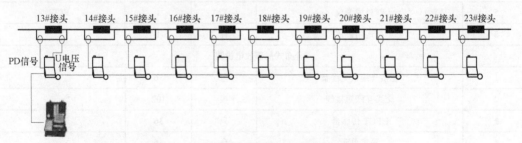

图2-15　分布式局部放电测试系统连接图

2.5.3　试验方法与步骤

采用2500V绝缘电阻表对测试相进行主绝缘绝缘电阻测试，将其他两相导体、金属屏蔽或金属套和铠装层一起接地。变频耐压试验前后的绝缘电阻测试结果如表2-9所示。

表 2-9   变频耐压试验前后的绝缘电阻测试结果

试验项目	试验相别		
主绝缘绝缘电阻	A	B	C
耐压试验前	7.5TΩ	18.9GΩ	7.5TΩ
耐压试验后	7.5TΩ	19.7GΩ	7.5TΩ

现场变频耐压试验下的分布式局部放电检测采用变频谐振耐压设备，对电缆测试相施加电压，加压程序如图 2-16 所示。耐压试验结果如表 2-10 所示，局部放电测试情况如表 2-11 所示。

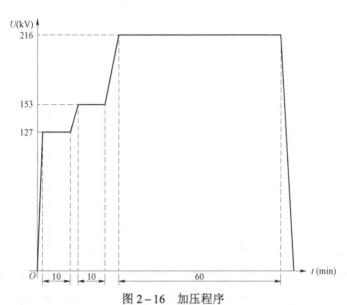

图 2-16 加压程序

表 2-10   变 频 耐 压 试 验 结 果

试验项目		试验相别		
主绝缘绝缘电阻		A	B	C
变频耐压	$1.0U_0$（10min）	通过	通过	通过
	$1.2U_0$（10min）	通过	通过	通过
	$1.7U_0$（60min）	通过	通过	通过

表 2-11   电缆分布式局部放电测试情况

采集位置	局放检测试验								
	A			B			C		
	$1U_0$	$1.2U_0$	$1.7U_0$	$1U_0$	$1.2U_0$	$1.7U_0$	$1U_0$	$1.2U_0$	$1.7U_0$
GIS 终端	√	√	√	√	√	√	√	√	√
1#中间接头	√	√	√	√	√	√	√	√	√
2#中间接头	√	√	√	√	√	√	√	√	√

采集位置	局放检测试验								
	A			B			C		
	$1U_0$	$1.2U_0$	$1.7U_0$	$1U_0$	$1.2U_0$	$1.7U_0$	$1U_0$	$1.2U_0$	$1.7U_0$
3#中间接头	√	√	√	√	√	√	√	√	√
4#中间接头	√	√	√	√	√	√	√	√	√
5#中间接头	√	√	√	√	√	√	√	√	√
6#中间接头	√	√	√	√	√	√	√	√	√
7#中间接头	√	√	√	√	√	√	√	√	√
8#中间接头	√	√	√	√	√	√	√	√	√
9#中间接头	√	√	√	√	√	√	√	√	√
10#中间接头	√	√	√	√	√	√	√	√	√
11#中间接头	√	√	√	√	√	√	√	√	√
12#中间接头	√	√	√	√	√	√	√	√	√
13#中间接头	√	√	√	√	√	√	√	√	√
14#中间接头	√	√	√	√	√	√	√	√	√
15#中间接头	√	√	√	√	√	√	√	√	√
16#中间接头	√	√	√	√	√	√	√	√	√
17#中间接头	√	√	√	√	√	√	√	√	√
18#中间接头	√	√	√	√	√	√	√	√	√
19#中间接头	√	√	√	√	√	√	√	√	√
20#中间接头	√	√	√	√	√	√	√	√	√
21#中间接头	√	√	√	√	√	√	√	√	√
22#中间接头	√	√	√	√	√	√	√	√	√
23#中间接头	√	√	√	√	√	√	√	√	√
24#中间接头	√	√	√	√	√	√	√	√	√
25#中间接头	√	√	√	√	√	×	√	√	√
26#中间接头	√	√	√	√	√	Δ	√	√	√
27#中间接头	√	√	√	√	√	√	√	√	√
28#中间接头	√	Δ	Δ	√	√	Δ	√	√	Δ
29#中间接头	√	Δ	×	√	√	Δ	√	√	×
30#中间接头	√	√	√	√	√	√	√	√	√
31#中间接头	√	√	√	√	√	√	√	√	√
32#中间接头	√	√	√	√	√	√	√	√	√
户外终端	√	√	√	√	√	√	√	√	√

注 √—无异常信号；Δ—疑似局部放电信号；×—微弱局部放电信号。

表 2－11 中，电缆中间接头的命名方式为变电站 GIS 终端到户外杆塔终端依次为 1#、2#、…、32#。

挂接地线，拆除变频耐压设备、分布式局部放电测试设备、现场安全措施、围挡等，清理试验现场。

2.5.4 试验结论

1. 绝缘电阻测试结果分析

试验线路三相电缆绝缘电阻在耐压试验前后无明显变化，符合 Q/GDW 512—2010《电力电缆线路运行规程》的要求。

2. 变频耐压试验试验分析

依据 Q/GDW 512—2010《电力电缆线路运行规程》，按照 $1U_0$（10min）、$1.2U_0$（10min）、$1.7U_0$（60min）流程顺序升压，进行变频耐压试验。

3. 分布式局部放电测试结果分析

根据局部放电检测图谱，在 $1U_0$、$1.2U_0$、$1.7U_0$ 电压下，试验电缆线路中的 GIS 终端及 1~24#中间接头、27#中间接头、30#中间接头—香楠变户外终端均未发现局部放电信号，典型图谱如图 2－17 所示。

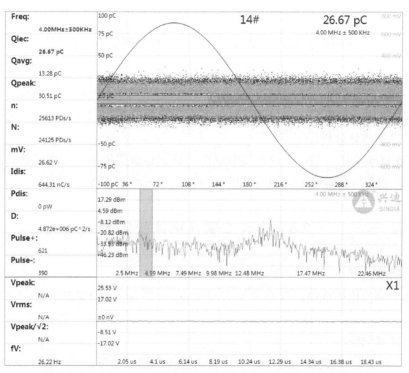

图 2－17 C 相 14#中间接头 $1.7U_0$ 下无局部放电信号典型图谱

从检测波形相位对称性、信号波形与电压幅值相关性及信号波形与频率相关性来看，A 相 29#、B 相 25#、C 相 29#中间接头存在微弱局部放电信号；A 相 28#，B 相 26#、28#、29#和 C 相 28#中间接头存在疑似局部放电信号，典型图谱如图 2－18 所示。

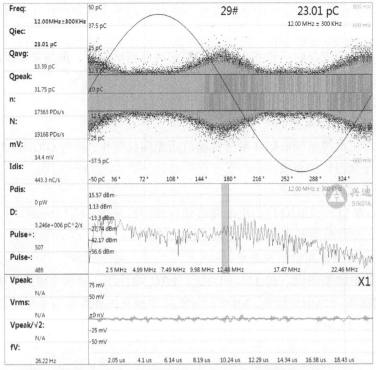

图 2-18 A 相 29#中间接头在 1.7U_0下存在微弱局部放电信号

4. 建议

该线路绝缘电阻正常，主绝缘 1.7U_0 耐压试验通过，建议空载运行 24h，并对 25#等 8 处存在疑似缺陷的接头进行带电检测复测。若发现接头存在局部放电异常信号，建议抽取 1～2 个接头进行解体分析。

因电缆在试验电压 1.7U_0 下存在疑似缺陷，建议该线路投运后加强运维管理，并定期组织开展超声波、特高频等不同原理下的局部放电带电检测工作。

2.6 交叉互联系统试验案例

2.6.1 电缆概况

某 110kV 高压电缆线路，线路全长 2.426km，电缆型号为 YJLW1000，无阻燃，无阻水单芯电缆。

2.6.2 试验设备

试验设备为 ZGF 直流发生器 1 套。设备主要技术指标如下：

（1）最大输出：30kV（负极性）。

（2）输出电流：5mA。

（3）纹波系数：≤0.35%。

（4）电压调节精度和稳定度：≤0.5%。

（5）电压、电流测量精度：1.5%±2 字。

2.6.3 试验方法与步骤

试验时必须将电缆护层过电压保护器断开，在互联箱中将另一侧三段电缆金属套都接地，使绝缘接头的绝缘环也能结合在一起进行试验。然后在每段电缆金属屏蔽或金属护套与地之间施加直流电压 10kV，加压时间 1min，不应击穿。交叉互联系统试验结果如表 2-12 所示。

表 2-12   交叉互联系统试验结果

相别	1#~2#段	2#~3#段	3#~4#段	4#~5#段	5#~6#段
A 相	未击穿	未击穿	未击穿	未击穿	未击穿
B 相	未击穿	未击穿	未击穿	未击穿	未击穿
C 相	未击穿	未击穿	未击穿	未击穿	未击穿

2.6.4 试验结论

试验结果表明，在三段电缆金属护套与地之间施加直流电压 10kV，加压时间 1min，试验过程中均未击穿，交叉互联系统通过耐压试验。

3

电缆线路巡检试验技术

巡检试验是为获得电缆线路状态量而定期进行的带电检测试验。电缆线路巡检试验包括红外测温和金属屏蔽（金属套）接地电流测量（即接地环流检测）。

红外测温采用红外线测温仪或便携式红外热像仪对电缆线路进行温度检测。检测部位为电缆终端、电缆导体与外部金属连接处，以及具备检测条件的电缆接头。电缆导体或金属屏蔽（金属套）与外部金属连接的同部位相间温度差超过 10K，应停电检查；终端本体同部位相间温度差超过 2K 应加强监测，超过 4K 应停电检查。

电缆线路红外测温周期应满足以下要求：

（1）330kV 及以上电缆线路 1 个月。

（2）220kV 电缆线路 3 个月。

（3）110kV（66kV）电缆线路 6 个月。

（4）35kV 及以下电缆线路 1 年。

金属屏蔽（金属套）接地电流测量采用在线监测装置或钳形电流表。其测试周期应满足以下要求：

（1）330kV 及以上电缆线路 1 个月。

（2）220kV 电缆线路 3 个月。

（3）110kV 电缆线路 6 个月。

（4）35kV 及以下电缆线路 1 年。

单芯电缆线路接地电流应同时满足以下要求：

（1）接地电流绝对值小于 50A。

（2）接地电流与负荷电流比值小于 20%，与历史数据比较无明显变化。

（3）单相接地电流最大值与最小值的比值小于 3。

3.1 红 外 测 温 技 术

3.1.1 基本原理

红外测温技术就是将物体发出的不可见红外能量转变为可见的热图像。通过查看热图像，可以观察到被测目标的整体温度分布状况，研究目标的发热情况，确定下一步工作方案。现代热像仪的工作原理是使用光电设备来测量辐射，并在辐射与表面温度之间建立相互联系。所有高于绝对零度（−273℃）的物体都会发出红外辐射。热像仪利用红外探测器和光学成像物镜接收被测目标的红外辐射能量分布，并反映到红外探测器的光敏元件上，从而获得红外热像图，这种热像图与物体表面的热分布场相对应。红外热像仪的光路如图 3−1 所示。

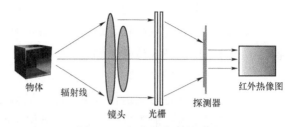

图 3−1　红外热像仪的光路

由辐射理论可知，一切温度高于绝对零度的物体，每时每刻都会向外辐射人眼看不见的红外线，同时也发射辐射能量。物体的温度越高，发射的能量越大。根据斯特藩−玻尔兹曼定律，辐射能量为

$$W = \varepsilon\delta AT^A \tag{3-1}$$

式中：W 为发热体发射的功率；ε 为发射体的黑度（也称发射率）；δ 为玻尔兹曼常数；A 为发射体表面积，cm^2；T 为发射体的绝对温度，K。

从式（3−1）可知，只要确定发射体表面的发射率 ε，再检测出红外辐射能量，就可推断出发射体的温度。红外热成像技术不仅能分辨热的差异，还能使这种差异量化，是一种非接触式温度测量技术。利用红外探测器、光学成像物镜和光机扫描系统接收被测目标的红外辐射，将其能量分布图形反映到红外探测器的光敏元件上，经放大处理，转换成标准视频信号，即可把这一热场直观地反映在荧光屏上，形成热像图。

电缆线路热缺陷一般分为两类：接触热故障和绝缘材料固有缺陷、变质老化。运行经验表明，电缆附件发生故障前，缺陷经常伴生局部发热，因此采用红外热像仪对电缆附件进行有针对性的带电检测，可发现电缆附件的发热性缺陷，及时做出相应防范措施，防止电缆故障的发生。热成像技术监测热现象的优点如下：

（1）测量灵敏度高，结果直观，可靠性好。

（2）适合用于所有绝缘电缆线路。

（3）能够直接找出故障或隐患点。

热成像技术监测热现象的缺点是：

（1）不容易也不适合发现电缆及附件中的缺陷和绝缘老化，且测量结果难以对缺陷程度准确定量。

（2）易受环境等因素的干扰。

（3）一般不能全天候实时监测。

3.1.2　检测要求

3.1.2.1　检测环境要求

检测环境要求如下：

（1）风速一般不大于 0.5m/s。

（2）设备通电时间不小于 6h，最好在 24h 以上。

（3）检测期间天气为阴天、夜间或晴天日落 2h 后。

（4）被检设备周围应具有均衡的背景辐射，应尽量避开附近热辐射源的干扰，某些设备被检测时还应避开人体热源等的红外辐射。

（5）避开强电磁场，防止强电磁场影响红外热像仪的正常工作。

（6）被检设备是带电运行设备，应尽量避开视线中的封闭遮挡物，如门和盖板等。

（7）环境温度一般不低于 5℃，环境相对湿度一般不大于 85%；天气以阴天、多云为宜，夜间图像质量为佳；不应在雷、雨、雾、雪等气象条件下进行，检测时风速一般不大于 5m/s。

（8）户外晴天要避开阳光直接照射或反射进入仪器镜头，在室内或晚上检测应避开灯光的直射，宜闭灯检测。

（9）检测电流致热型设备，最好在高峰负荷下进行；否则，一般应在不低于 30%的额定负荷下进行，同时应充分考虑小负荷电流对测试结果的影响。

3.1.2.2 检测线路及设备要求

红外检测时，电缆应带电运行，且运行时间应在 24h 以上，并尽量移开或避开电缆与测温仪之间的遮挡物，如玻璃窗、门或盖板等；需对电缆线路各处分别进行测量，避免遗漏测量部位；最好在设备负荷高峰状态下进行，一般不低于额定负荷的 30%。与电缆终端相连接的避雷器的红外检测可参照 DL/T 664—2016《带电设备红外诊断应用规范》的要求执行。

（1）正确选择被测设备的辐射率，特别要考虑金属材料的氧化对选取辐射率的影响。辐射率的选取：金属导体部位一般取 0.9，绝缘体部位一般取 0.92。

（2）在安全距离允许的范围内，红外仪器宜尽量靠近被测设备，使被测设备充满整个仪器的视场，以提高仪器对被测设备表面细节的分辨能力及测温精度。必要时，应使用中、长焦距镜头。户外终端检测一般需使用中、长焦距镜头。

（3）输入大气温度、相对湿度、测量距离等补偿参数进行修正，并选择适当的测温范围。

（4）一般先用红外热像仪对所有测试部位进行全面扫描，重点观察电缆终端和中间接头、交叉互联箱、接地箱、金属套接地点等部位，发现热像异常部位后对异常部位和重点被检设备进行详细测量。

（5）为了准确测温或方便跟踪，应事先设定几个不同的方向和角度，确定最佳检测位置，并做上标记，以供今后的复测用，提高互比性和工作效率。

（6）记录被检设备的实际负荷电流、电压、被检物温度及环境参照体的温度值等。

3.1.2.3 试验步骤和操作标准

按照试验步骤，明确试验方法、试验标准及注意事项等内容。试验步骤和操作标准如表 3—1 所示。

表 3-1 试验步骤和操作标准

序号	试验步骤	试验方法	试验标准	注意事项
1	现场准备工作	1）检测人员就位； 2）保证红外热像仪正常和所需材料齐备		
2	仪器开启	1）检查日期时间设置； 2）开启电源开关，预热设备1min		
3	设置目标参数		1）辐射率：瓷套类为0.92，金属导线及金属连接为0.9； 2）环境温度：低于5℃不宜测试； 3）相对湿度：大于85%不宜测试	
4	一般检测	1）先将热像仪对准被检测对象，对所有应测部位进行全面扫描； 2）找出热态异常部位，记录设备名称、红外图像、可见光； 3）依照表3-2和表3-3缺陷诊断判据，将现场检测发现的缺陷汇报至相关设备专职		
5	精确检测	1）红外仪器尽量靠近被检设备，进行红外和可见光图片采集； 2）依照表3-2和表3-3缺陷诊断判据，将现场检测发现的缺陷汇报至相关设备专职		确保与带电设备的安全距离
6	检测结束			
7	图片文件整理	1）关机后取出PC卡，插入手提计算机网卡处； 2）将PC卡上的图像文件复制、保存至计算机上，并制作图谱库； 3）对采集到的红外及可见光图片进行命名		72h内PC卡中的红外文件不可删除
8	出具报告	1）调整分析报告内温度范围，使图像更加清晰，便于发现缺陷； 2）单击较热点和对应点的温差，结合设备缺陷诊断判据分析被检设备是否构成缺陷并保存； 3）对所有精确检测设备红外图片进行常规分析，体现设备状态，并形成Word格式的诊断性测温报告； 4）对可能由于环境温度升高、负荷增加导致向严重及危急缺陷发展的缺陷进行预测，并形成Word格式的预判测温报告； 5）电子版精确测温报告应于检测完成后15天内提供给运维单位	判断标准：见表3-2和表3-3	

表 3-2 电流致热型设备缺陷诊断判据

设备类别和部位		热像特征	故障特征	缺陷性质		
				一般缺陷	严重缺陷	危急缺陷
电器设备与金属部件的连接	接头、线夹	以线夹和接头为中心的热像，热点明显	接触不良	温差不超过15K，未达到严重缺陷的要求	热点温度>80℃或$\delta \geqslant 80\%$	热点温度>110℃或$\delta \geqslant 95\%$
金属导线		以导线为中心的热像，热点明显	松股、断股、老化或截面积不够			

表 3 - 3   电压致热型设备缺陷诊断判据

热像特征		故障特征	温差（K）
电缆终端	以整个电缆头为中心的热像	电缆头受潮、劣化或气隙	0.5～1
	以护层接地连接为中心的发热	接地不良	5～10
	伞裙局部区域过热	内部可能有局部放电	0.5～1
	根部有整体过热	内部介质受潮或性能异常	
电缆中间接头	以整个电缆中间接头的热像	电缆中间接头受潮、劣化或气隙	0.5～1
	以铜壳引流线接触为中心的发热或者以铜壳、铝护套连接部位的过热	接地不良	5～10
	应力锥部位过热	内部可能有局部放电	0.5～1

根据 Q/GDW 11223—2014《高压电缆状态检测技术规范》，高压电缆线路红外检测的诊断依据亦可参考表 3 - 4。

表 3 - 4   高压电缆线路红外诊断判据

部位	测试结果（℃）	结果判断	建议策略
金属连接部位	相间温差<6	正常	按正常周期进行
	6≤相间温差<10	异常	应加强监测，适当缩短检测周期
	10≤相间温差	缺陷	应停电检查
终端、接头	相间温差<2	正常	按正常周期进行
	2≤相间温差<4	异常	应加强监测，适当缩短检测周期
	4≤相间温差	缺陷	应停电检查

电缆红外测温具体检测步骤及注意事项如附录 3 所示。

3.1.3 典型设备

目前电缆红外测温主要采用红外线测温仪和红外热像仪，二者主要区别如下：

（1）红外线测温仪测量的是一个圆形区域内的平均温度，红外热像仪测量的是一个面的温度分布。

（2）红外线测温仪不能显示可见光图像，红外热像仪可拍摄可见光图像。

（3）红外线测温仪不能产生红外热图像，红外热像仪可以实时产生红外热图像。

（4）红外线测温仪以距离系数比（D:S）来判断可检测距离与可检测目标大小，红外热像仪则由红外像素、视场角和空间分辨率来判断。

3.1.3.1 红外线测温仪

红外线测温仪的主要参数有距离系数、测温范围、测量精度、响应波长、瞄准方式等。使用时只测量表面温度，不能测量内部温度；不可以透过玻璃进行测温，红外温度读数不精确。

其典型设备如图 3 - 2 所示。

3.1.3.2 红外热像仪

红外热像仪是利用红外探测器和光学成像物镜接收被测目标的红外辐射能量分布图形，并反映到红外探测器的光敏元件上，从而获得红外热像图，这种热像图与物体表面的热分布场相对应。通俗地讲，红外热像仪就是将物体发出的不可见红外能量转变为可见的热图像。热图像上的不同颜色代表被测物体的不同温度。其主要技术指标包括：

（1）热灵敏度（Noise Equivalent Tempreture Difference，NETD）。红外热像仪分辨细小温差的能力在一定程度上影响成像的细腻程度。灵敏度越高，成像效果越好，越能分辨故障点的具体位置。

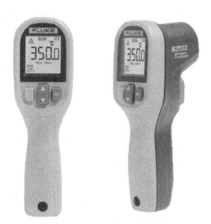

图 3-2 红外线测温仪

（2）红外分辨率。红外分辨率指的是红外热像仪的探测器像素。其与可见光类似，像素越高画面越清晰细腻，像素越高同时获取的温度数据越多。

（3）视场角（Field of View，FOV）。视场角指探测器上成像的水平角度和垂直角度。角度越大看到的越广，如广角镜；角度越小看到的越小，如长焦镜。因此，根据不同的场合选择合适的镜头也是非常重要的。

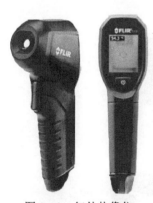

图 3-3 红外热像仪

（4）空间分辨率（Instantaneous Filed of View，IFOV）。空间分辨率指能在单个像素上成像的角度，因为角度太小所以用毫弧度（mrad）表示。空间分辨率受探测器和镜头的影响，镜头不变，像素越高，空间分辨率越小；反之像素不变，视场角越小，空间分辨率越小。同时，空间分辨率越小，成像效果越清晰。

（5）测温范围。测温范围指设备可以测量的最低温度到最高温度的范围，范围内可具有多个温度量程，需要手动设置。

（6）全辐射热像视频流。保存每帧每个像素点温度数据的视频流，全辐射视频可以进行后期温度变化分析，也可以对每一帧图片进行任意温度分析。其典型设备如图 3-3 所示。

3.2 接地环流检测技术

3.2.1 基本原理

目前，国内主流 35kV 及以上电压等级的电力电缆基本采用单芯结构。因电缆金属护层与线芯中交流电流产生的磁力线铰链，使其出现较高的感应电压，故需采取接地措施。当电缆绝缘护套破损，金属护层出现两点或多点接地时，会产生较大环流，严重时可超过负荷电流的 50% 以上。环流损耗使金属护层发热，加速电缆主绝缘的老化，严重威胁电缆运行安全。接地环流检测主要通过电流互感器或电流表实现。

电流互感器是依据电磁感应原理将一次侧大电流转换成二次侧小电流进行测量的仪器。电流互感器由闭合的铁芯和绕组组成。一次侧绕组匝数很少，串在需要测量的电流的线路中，经常有线路的全部电流流过；二次侧绕组匝数比较多，串接在测量仪表和保护回路中。电流互感器在工作时，二次侧回路始终是闭合的。因此，测量仪表和保护回路串联线圈的阻抗很小，电流互感器的工作状态接近短路，二次侧不可开路。

电力电缆接地环流检测步骤及注意事项如附录4所示。

3.2.2 典型设备

3.2.2.1 钳形电流表

钳形电流表由电流互感器和电流表组合而成。电流互感器的铁芯在捏紧扳手时可以张开；被测电流所通过的导线不必切断即可穿过铁芯张开的缺口，当放开扳手后铁芯闭合。穿过铁芯的被测电路导线就成为电流互感器的一次绕组，其中通过的电流便在二次绕组中感应出电流，从而使二次绕组相连接的电流表有指示，即测出被测线路的电流。钳形电流表可以通过转换开关的拨挡，改换不同的量程。注意，拨挡时不允许带电操作。钳形电流表一般准确度不高，通常为2.5～5级。为了使用方便，钳形电流表内还有不同量程的转换开关供测不同等级的电流和电压。

目前钳形电流表国外的品牌主要有FLUKE等，国内的品牌主要有胜利等。钳形电流表如图3-4所示。

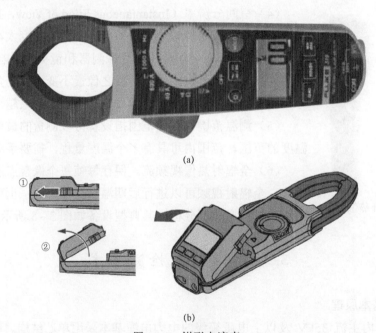

(a)

(b)

图3-4 钳形电流表

（a）手持式钳形电流表；（b）可分离式远程显示钳形电流表

3.2.2.2 电流在线监测系统

电流在线监测系统是目前用来进行电缆绝缘趋势监测的一种非常简单有效的状态监测

方法，其测试原理如图 3-5 所示。通过工控机及系统集成软件，对各监控装置的动态参数进行集成，建立变电站设备状态综合数据库，自动生成设备状态参数报表和变化趋势曲线，对设备状态的历史参数进行"横比"，趋势分析和同相间相对比较，实现设备状态的初步诊断，为专家诊断系统提供开放性平台，通过网络实现设备的远程/现场状态监测、诊断和评估。

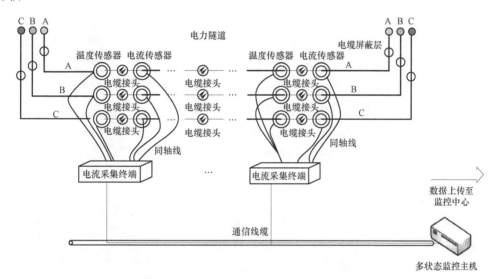

图 3-5　高压电缆接地电流在线监测系统

该方法通常通过在接地线上安装工频电流互感器实现，无须改变接地线的连接方式，适合 35kV 及以上电压等级电缆线路。监测电缆的接地电流，可获取电缆外护套的完整性信息。此外，当电缆主绝缘内的水树枝发展时，其电容量发生变化，使得流经主绝缘的容性电流发生变化。在线监测接地电流中容性分量的变化，也可获取电缆绝缘老化的信息。图 3-6 为接地电流监测系统现场安装图。

图 3-6　接地电流检测系统现场安装图

3.3　红外测温发现电流致热型缺陷案例

3.3.1　案例概况

2016年3月2日15时30分，某运维站在巡视中发现某电缆终端发出异常响声，并时断时续，当天晚上对该电缆终端进行了成像测温，发现该C相电缆终端达42.7℃，运维站决定对该地段电缆加强监测。电缆线路终端现场图及C相电缆终端如图3-7所示。3月3日9时30分对该电缆终端跟踪测温为18.3℃；20时01分对该电缆终端跟踪测温，温度达到138℃，并出现持续的放电声及明火。巡视人员及时上报情况并与调度进行联系，果断将该线路停役，避免了一起110kV线路电缆故障跳闸7级事故。

电缆线路总长度为430m，共施放电缆6根，电缆型号为 $YJLW03-Z-64/110-1\times400mm^2$，该线路于2013年11月22日施工完成并正式投入运行。

图3-7　电缆终端现场图

3.3.2　试验设备

检测仪器为FLIR T630红外热像仪，红外热像检测条件如表3-5所示。

表3-5　　　　　　　　　　红外热像检测条件

天气情况	环境温度（℃）	环境相对湿度（%）	风速（级）	负荷电流（A）	辐射系数	测试距离（m）	环境参照体温度（℃）
晴	13.5	55	0	436	0.92	2.5	13.7

3.3.3　试验方法与步骤

3.3.3.1　现场红外测温

2016年3月2日15时30分，某运维站在巡视某电缆终端时听到反复出现的异常响声。当天晚上测试人员利用红外热像仪对该电缆终端进行了测温，结果如表3-6所示。

表3-6　　　　　　　　　　红外测温结果　　　　　　　　　（℃）

区域温度　　　　测量相位	A相	B相	C相
终端上部最高温度	21.4	21.6	21.3
终端下部最高温度	21.7	22.3	42.7

测试结果显示该C相电缆终端表面最高温度达到42.7℃，运维站决定对该段电缆跟踪

复测，3 月 3 日 20 时 01 分复测结果如表 3－7 所示。

测量相位 区域温度	A 相	B 相	C 相
终端上部最高温度	21.4	21.6	21.3
终端下部最高温度	21.7	22.3	138.2

表 3－7　　　　　　　　　　红 外 测 温 复 测 结 果　　　　　　　　　　（℃）

复测结果显示，原发热的 C 相电缆终端在一天内温度急剧升高，并且出现持续的放电声及明火。C 相电缆终端下部绝对温度超过 130℃，达到 DL/T 664—2016《带电设备红外诊断应用规范》中"表 H.1　电流致热型设备缺陷诊断判据"的标准"金属部件与金属部件的连接处，热点温度＞130℃或 $\delta \geqslant 95\%$ 时"，属于危急缺陷。

根据 DL/T 664—2016《带电设备红外诊断应用规范》中电流致热型设备处理原则"应立即降低负荷电流或立即消缺"，检测人员立即申请停电消缺。

3.3.3.2　缺陷处理及原因分析

该电缆线路停电以后，检修人员上杆检查，发现发热电缆终端尾管处存在破损，破损处为终端起始缺陷位置，如图 3－8 所示。

随后检修人员对缺陷电缆终端进行了解体检查，发现缺陷位置位于终端尾管与金属铝护套连接处，该处电缆外护层被击穿并存在严重烧焦痕迹，如图 3－9 所示。

图 3－8　发热 C 相电缆终端的外观缺陷情况

图 3－9　缺陷电缆终端形貌检查

进一步对缺陷终端尾管处的封铅进行检查，检修人员去除缺陷处烧焦的外护层，发现电缆终端尾管与电缆皱纹铝护套间仅有部分封铅连接，且无铜编织带搭接，铅块可以整体剥离，如图 3－10 所示。

为了确认电缆终端尾管处封铅工艺不良是否为发热的主要原因，检修人员对该缺陷终端进行了大电流试验，试验过程中典型红外测温图如图 3－11～图 3－13 所示，结果如表 3－8 所示。

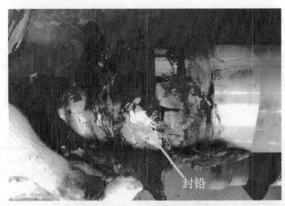

图 3-10　缺陷处封铅检查

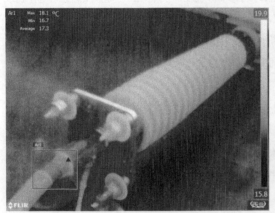

图 3-11　通流前缺陷红外测温图

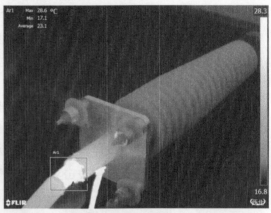

图 3-12　通流 400A、20min 时红外测温图

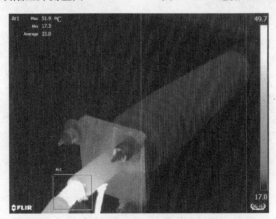

图 3-13　通流 800A、20min 时红外测温图

表 3-8　　　　　　　　　　　缺陷电缆终端大电流试验结果统计

电流大小（A）	通流时间（min）	尾管与铝套连接处最高温度（℃）	本体正常处温度（℃）
0	0	18.1	17.7
400	20	28.6	21.8
800	20	51.9	29.4

从试验结果可以看出，当线芯电流较高时，缺陷终端尾管处出现了局部高温，与缺陷电缆终端现场测试结果相符，表明电缆终端尾管处封铅不良是其产生发热缺陷的原因。

尾管封铅工艺不良，使得尾管与波纹铝护套之间电气连接不可靠，导致连接处接触电阻增大。当金属护套上流过的接地电流数值一定时，尾管封铅处在单位时间内会产生较大的热量，长期运行之后会形成尾管部位局部发热缺陷。

3.3.4 试验结论

红外测温是发现电缆金属部位连接不良缺陷的有效技术手段，尾管处封铅工艺不良是一种典型的电缆终端施工缺陷，会导致电缆终端局部过热，甚至造成电缆终端热击穿故障。应从以下几方面加强工作，防止并消除电缆终端尾管封铅工艺不良现象的发生：

（1）电缆附件封铅属于隐蔽工程，应加强电缆附件施工期间的质量监督，对电缆接头封铅、终端尾管封铅等关键工序进行图像、资料存档。

（2）电缆终端红外测温时，应重点关注电缆尾管封铅部位是否存在过热现象，发现异常情况时应及时安排跟踪复测，当发热温度呈现增加趋势时应进行停电消缺。

（3）对于存在封铅工艺不良记录的施工队伍，应采用红外精确测温、接地环流检测等方法对其所施工电缆附件重点排查，及时发现可能存在的电缆封铅工艺缺陷。

3.4 红外测温发现电压致热型缺陷案例

3.4.1 案例概况

某 220kV 电缆线路总长度为 507m，于 1996 年正式投入运行。电缆型号为 YJLW03 – Z – 127/220kV – 1 × 800mm²，两端的电缆终端均为复合套管式户外终端。2014 年 03 月 20 日，检修人员对该电缆线路两端的户外终端进行红外检测时，发现有两相终端的底部温度比上部温度分别高 2.2K、2.0K。通过安排红外测温复测，排除了终端发热缺陷发展的风险。

3.4.2 试验设备

检测仪器为 FLIR T630 红外热像仪，红外热像检测条件如表 3 – 9 所示。

表 3 – 9 红 外 热 像 检 测 条 件

天气情况	环境温度（℃）	环境相对湿度（%）	风速（m/s）	负荷电流（A）	辐射系数	测试距离（m）	环境参照体温度（℃）
晴	11.5	68	1	238	0.92	5.0	11.7

3.4.3 试验方法与步骤

3.4.3.1 现场红外测温

2016 年 3 月 20 日 19 时 36 分，检修人员利用红外热像仪对该电缆两端的户外终端（1#杆和 2#杆）进行了测温，结果如表 3 – 10 和表 3 – 11 所示。

表 3-10 1#杆电缆红外测温结果 （℃）

1#杆电缆终端红外热成像结果

测量相位 区域温度	A 相	B 相	C 相
终端上部最高温度	10.4	10.3	10.4
终端下部最高温度	11.8	12.5	12.4
相对温差	1.4	2.2	2.0

表 3-11 2#杆电缆红外测温结果 （℃）

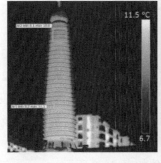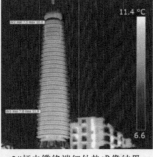

2#杆电缆终端红外热成像结果

测量相位 区域温度	A 相	B 相	C 相
终端上部最高温度	10.0	10.0	9.6
终端下部最高温度	11.1	12.0	11.0
相对温差	1.1	2.0	1.4

从表 3-10 和表 3-11 可知，1#杆的 B 相、1#杆的 C 相、2#杆的 B 相应力锥部位发热，与该相终端上部的温差分别达到了 2.2℃、2.0℃、2.0℃，达到 DL/T 664—2016《带电设备红外诊断应用规范》"表 I.1 电压致热型设备缺陷诊断判据"中的标准"电缆终端根部有整体性过热，温差 0.5～1K 时"，属于电压致热型缺陷。

3.4.3.2 缺陷处理及原因分析

1#杆、2#杆的发热属于电压致热型发热，原因可能是应力锥部位绝缘老化。根据 DL/T 664—2016《带电设备红外诊断应用规范》"10 缺陷类型的确定及处理方法"中相应规定："电压致热型设备的缺陷宜纳入严重及以上的缺陷"，"对电压致热型设备，应加强监测并安排其他测试手段，缺陷性质确认后，安排计划消缺"。

综合考虑该电缆线路供电可靠率等因素，检修人员决定对该线路缩短检测周期，每周复测一次，并结合停电计划适时安排停电检修。一个月内的终端红外复测情况如表 3-12 所示。

表 3-12　一个月内的终端红外复测情况　（K）

同相温差＼测量日期	3月27日	4月3日	4月10日	4月17日
1#杆终端 B 相	1.1	1.2	1.1	1.1
1#杆终端 C 相	2.0	1.9	2.1	2.0
2#杆终端 B 相	1.4	1.4	1.5	1.4

通过 4 次红外跟踪复测，结果表明终端表面温差没有增大趋势，暂时排除了电缆终端缺陷发展的可能性。

3.4.4　试验结论

红外测温是发现电缆终端电压致热型缺陷的有效技术手段，应力锥部位老化、终端内部局部放电、终端内部受潮等原因都会造成电压致热型缺陷。但电压致热型缺陷一般绝对温差不大，对准确判断缺陷严重程度造成了一定难度，可以从以下几方面加强相关检测工作：

（1）红外精确测温工作时调整合适的温度范围，使红外热成像结果准确反映电缆终端表面温差，及时发现电压致热型缺陷。

（2）对于终端套管表明温差超过 1K 的终端，应做好记录，缩短检测周期，安排跟踪复测。同时，考虑安排电缆局部放电检测，发现温差明显增加或者存在局部放电迹象时，及时申请停电检查。

（3）对存在电压致热型缺陷的终端信息进行梳理，发现同一厂家、同一批次终端普遍存在发热现象时，应结合停电计划及时进行缺陷检查。

3.5　接地环流检测发现护层接线错误案例

3.5.1　案例概况

某 110kV 电缆线路总长度 2037m，于 2016 年 3 月正式投入运行。电缆型号为 YJLW03-Z-64/110kV-1×630mm²。2016 年 3 月 20 日，对该电缆线路进行接地电流检测时，发现其中一个接地箱内的接地电流高达 157A，接近负荷电流。通过排查全线接地箱内接线方式，并与设计图纸对比，确认是施工时将保护接地箱误做成了直接接地箱，导致电缆护层接线方式错误。通过停电消缺更正了护层接地系统方式，接地电流复测结果正常，消除了护层接地系统缺陷发展的风险。

3.5.2 试验设备

检测仪器为 FLUKE 319 钳形电流表，某 110kV 线路的护层接线设计方式如图 3－14 所示。

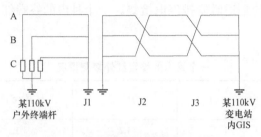

图 3－14 电缆护层接线设计方式

3.5.3 试验方法与步骤

3.5.3.1 接地电流检测情况分析

2016 年 3 月 20 日，在对该新投运电缆线路进行接地电流检测时，发现 J1 接地箱内送电侧的接地电流严重超标，通过查询调度数据确认测试时刻负荷电流为 157A，各接地箱内接地电流数值如表 3－13 所示。

表 3－13 接地电流测试结果

测试点	相位	护层接地电流（A）	护层接地电流/负荷电流（%）	三相最大电流值（A）	三相最大电流与最小电流比值
J1 直接接地侧（送电侧）	A	135.7	86.05	135.7	1.05
	B	128.9	81.74		
	C	133.4	84.59		
J1 直接接地侧（受电侧）	A	20.7	13.13	28.9	1.89
	B	28.9	18.33		
	C	15.3	9.70		
J2 交叉互联	内 A 外 B	21.3	13.51	30.2	1.88
	内 B 外 C	30.2	19.15		
	内 C 外 A	16.1	10.21		
J3 交叉互联	内 A 外 B	15.9	10.08	29.2	1.84
	内 B 外 C	21.1	13.38		
	内 C 外 A	29.2	18.52		
变电站内 GIS	A	28.5	18.07	28.5	1.84
	B	15.5	9.83		
	C	21.6	13.70		

由于户外终端杆处的接地箱在杆塔平台上，考虑安全距离问题，无法进行带电测试。因此，带电测试记录覆盖了4个位置的检测结果。

对照 Q/GDW 11223—2014《高压电缆状态检测技术规范》表5的要求，J1 直接接地侧（送电侧）三相接地电流绝对值都超过了100A，并且接地电流与负荷比值都大于50%，属于缺陷，应停电检查。除 J1 直接接地侧（送电侧）外，其他测试位置的测量结果正常。检测人员记录了各个地面接地箱内的接线情况，如图3-15所示。

　　　　（a）　　　　　　　　　　　　（b）　　　　　　　　　　　　（c）

图3-15　地面接地箱内的接线情况

（a）J1 接地箱内接线；（b）J2 接地箱内接线；（c）J3 接地箱内接线

结合表3-13和图3-15的情况，判断 J1 直接接地侧（受电侧）到变电站内 GIS 电缆段的护层接线方式正常，户外终端杆至 J1 直接接地侧（受电侧）的电缆段护层存在多点接地情况。

3.5.3.2　缺陷处理及原因分析

为排查并消除电缆护层接地系统缺陷，检修人员立即申请了停电消缺。该线路改为检修状态以后，检修人员对户外终端杆上的接地箱进行了开箱检查，发现原本设计应为保护接地箱，施工人员错安装成了直接接地箱，造成了户外终端杆至 J1 直接接地侧（受电侧）的电缆段护层两端直接接地，使金属护套上流过了很大的感应电流。该线路实际护层接线方式如图3-16所示。

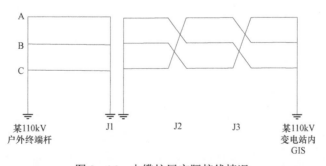

图3-16　电缆护层实际接线情况

检修人员将杆塔上的直接接地箱更正为保护接地箱，检修前后接地箱内情况如图 3－17 所示。

（a）   （b）

图 3－17　检修前后杆塔上接地箱内情况对比

（a）终端杆塔上原直接接地箱；（b）终端杆塔上更换后的保护接地箱

通过更正接地箱内接线方式，该电缆线路护层接线方式恢复正常。消缺以后，该电缆线路护层接地电流复测结果显示合格，护层接地系统缺陷已消除。

3.5.4　试验结论

护层接地电流检测是发现电缆护层接地系统缺陷的有效技术手段，施工时接地箱内接线错误，会导致电缆护层接线方式错误，造成该段电缆金属护层接地电流过大。一方面降低电缆线芯载流量；另一方面使电缆外护层和主绝缘发热，加速电缆绝缘部分的老化过程。因此，平时护层接地电流检测应加强以下工作：

（1）在单芯电缆竣工验收时，建议对被验收电缆所有接地箱，尤其是杆塔上接地箱内的护层连接情况进行拍照留底。验收时结合设计图纸和现场情况，确认电缆全线的护层连接方式是否正确，确保在电缆投运前电缆护层连接方式全部正确。

（2）按照 Q/GDW 1512—2014《电力电缆及通道运维规程》的规定，对单芯电缆护层接地电流和感应电压进行周期性检测的同时，加强对新投运电缆线路的接地电流检测工作。

4

电缆线路诊断性试验技术

电力电缆绝缘介质发生的局部重复击穿和熄灭现象与电力电缆绝缘状况密切相关，其预示着电缆绝缘存在着可能危及电缆安全运行寿命的缺陷。电力电缆局部放电诊断性试验可对绝缘缺陷和劣化进行预报，及时发现故障隐患，预防电力设备突发性故障，是判断电缆绝缘品质最直观、最理想、最有效的方法。

电力设备绝缘介质发生局部放电的本质原因是绝缘体局部区域的电场强度达到击穿场强，表现形式有电场不均匀、电介质不均匀、气泡和杂质等。电缆绝缘中存在电树、界面间隙、空气气隙、杂质等，半导电断口处理不当存在间断、毛刺突起，附件预制件紧握力下降等因素都有可能导致电缆系统产生局部放电现象。目前常采用超声波局部放电检测、高频局部放电检测及阻尼振荡波检测方法进行电力电缆诊断性试验。

4.1 超声波局部放电检测技术

4.1.1 基本原理

当电力电缆系统发生局部放电时，放电区域中分子间产生剧烈撞击，在宏观上体现为一种压力。由于放电是一连串脉冲形式，因此产生的压力波也是脉冲形式，并含有各频率分量，包括宽频带声波。在固体介质中，局部放电形成电树枝的过程也会伴随着微弱的爆破，爆破产生的压力变化也会产生声波。大量聚乙烯材料试验证明，声压大小与电树枝的增长率有关，树枝增长越快，测得的声压越高。

声信号是一种振动波，声波在传播过程中会引起介质（空气、设备外壳等）的振动。进行局部放电检测时，测试人员通常将超声传感器（声电换能器）通过导电硅脂粘附在设备外壳上，然后通过信号处理对采集的信号进行放大、滤波，并通过诊断系统对检测结果进行分析并显示诊断结果。

超声波局部放电检测示意图如图4-1所示。

检测设备首先对经由超声传感器测得的局部放电信号进行放大和滤波；其次通过数据采集处理子系统进行A/D转换、数据采集和数据处理；最后将数据传输到上位机，通过专家诊断系统分析、判断并显示检测结果。在数据处理阶段，检测设备通过各种DSP（Digital Signal Processing，数字信号处理）算法获取诸如有效值、周期峰值、50Hz频率分量、100Hz

频率分量等特征值，检测人员通过分析这些特征值的大小及其相互关系来判断局部放电水平及其类型。

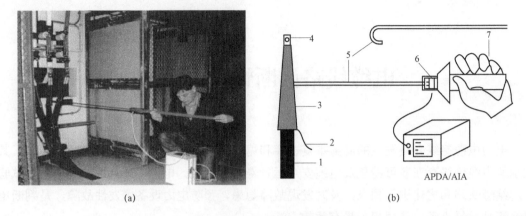

(a)   (b)

图 4-1 超声波局部放电检测示意图

(a) 检测现场；(b) 检测系统结构

1—电缆；2—接地线；3—电缆终端；4—导体；5—玻璃纤维；6—压电传感器；7—绝缘手柄

4.1.2 检测要求

4.1.2.1 超声波局部放电检测要求

超声波局部放电检测对环境的要求：

（1）检测目标及环境的温度宜在 -10～40℃。

（2）空气相对湿度不宜大于 90%。若在室外，不应在有雷、雨、雾、雪的环境下进行检测。

（3）在电缆设备上无各种外部作业。

超声波局部放电检测对仪器的要求：

（1）在检测时，必须保证仪器电量充足。

（2）检测中应保持超声波传感器正对检测对象，并避免超声波传感器受到损伤。

4.1.2.2 超声波局部放电现场检测方法

超声波局部放电现场检测部位可于电缆本体、中间接头、终端等处设置测试点。测试点的选取务必注意带电设备安全距离并保持每次测试点位置一致，以便进行比较分析。

超声波局部放电现场检测步骤如下：

（1）检测前正确安装仪器各配件，连接接触式或非接触式传感器。

（2）对检测部位进行接触或非接触式检测。检测过程中，传感器放置应避免摩擦，以减少摩擦产生的干扰。

（3）对于可调频率检测仪器，开启性能调节开关，在收到频率指示后调节频率到 40kHz，对设备进行非接触式检测；对于可调频率检测仪器，开启性能调节开关，在收到频率指示后调节频率到 20kHz，对设备进行接触式检测。

（4）做好测量数据记录。若存在异常，则应进行多点检测，查找信号最大点的位置，并出具检测报告。

超声波局部放电检测流程如图 4-2 所示。

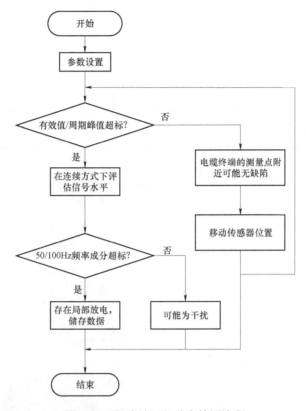

图 4-2 超声波局部放电检测流程

4.1.2.3 超声波局部放电检测数据分析原则

（1）正常的电缆设备，其不同相别测量结果应该相似。

（2）如果信号的声音明显有异，则判断电缆设备或邻近设备可能存在放电。应与此测试点附近不同部位的测试结果进行横向对比（单相的设备可对比 A、B、C 三相同样部位的测量结果），如果结果不一致，可判断此测试点异常。

（3）也可以对同一测试点不同时间段测试结果进行纵向对比，观察是否有变化。如果测量值增大，可判断此测试点内存在异常。

当检测到异常时，须按照相应的格式记录异常信号所处的相别、位置，记录超声波检测仪显示的信号幅值、中心频率及带宽。

4.1.3 典型设备

典型超声波检测装置如表 4-1 所示。超声波检测装置实物图如表 4-2 所示。

表 4-1　　　　　　　　　　　典型超声波检测装置

产　品	生产厂家
AIA-1GIS 超声波局部放电检测仪	挪威 TransiNor AS 公司
APD6GIS 超声波局部放电检测仪	北京国电迪扬电气设备有限公司

产　品	生产厂家
AE900 局部放电故障检测仪	北京兴迪仪器有限责任公司
AIA－100GIS 超声波局部放电检测仪	挪威 TransiNor AS 公司
AIA－2GIS 超声波局部放电检测仪	挪威 TransiNor AS 公司
HDUT－100 多传感器智能化局部放电超声波定位装置	上海慧东电气设备有限公司
DFA100 超声波局部放电检测仪	美国 Doble 公司

表 4－2　　　　　　　　　　　国内外超声波检测类装置实物图

超声波检测装置型号	超声波检测装置实物图
AIA－2	
DFA100	
HDUT－100	

4.2　高频局部放电检测技术

4.2.1　基本原理

高频局部放电检测技术使用高频 CT 传感器来检测局部放电电流中的高频成分。通常将线圈高频 CT 传感器卡装在电缆或附件的金属屏蔽层、接地线等位置测量局部放电信号。目前，可以选用的传感器包括感性和容性两种。容性传感器由于需要在电缆附件中安装铝箔和数据线，改变了电缆附件的原有结构，因此存在一定的运行风险。目前，实验室一般采用容性传感器方式。高频局部放电检测的基本测试原理是：电力电缆绝缘内部的局部放电源可以看作一个点脉冲信号源，当电缆绝缘内部产生局部放电时，放电所产生的高频电流脉冲沿着电缆线芯和金属屏蔽层同时向不同的方向传播，在金属屏蔽层和接地线上产生不均衡电流进而产生变化的磁场。在电缆本体上或接地引线上套以线圈高频 CT 传感器，当测量位置上磁场变化时，线圈的积分电阻上就能感应到局部放电脉冲信号。这种测试技术通常在高频段进行局部放电测量，通过合理设计线圈的结构，配合宽带信号调理器，即可实现局部放电信号的宽带测量。

采用脉冲电流法进行电缆线路的局部放电带电测试，测试过程中，中心频率连续可调，带宽可调，以有效避开外部干扰信号。局部放电测量仪器原理如图 4－3 所示（仅使用了一个信号传输通道，现场可使用 3 个高频 CT 传感器及采集单元，可同时采集一个回路的局部放电信号）。采集单元与系统主机、操作计算机之间采用光纤数据传输，记录每个放电点的放电量、放电密度、放电图谱、FFT 图、时域图等必要信息，方便后期开展数据处理工作。

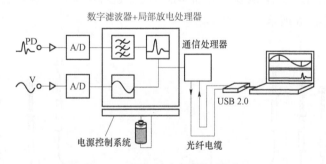

图 4－3　局部放电测量仪器原理

测量过程一般采用三通道同步测量方法进行（三相同步测量，可以在测试过程中通过相与相间的信号比对提取有用的基础数据），不同通道间采用光纤数据总线结构进行连接，有利于信号的高速传输。同时，采用此结构，可在外通道之间进行高速同步，即在同一时刻对多个通道进行采样，对多个通道在同一瞬间的信号幅值、频谱特性、波形等参数进行比较，有利于信号的识别及信号传输途径的识别。

对于电缆终端接头，在终端接地线上安装高频 CT 传感器；对于中间接头，在各相接地或交叉互连的连接线上安装高频 CT 传感器。由于局部放电行波信号会沿着电缆传播，因此安装在各个位置的传感器不但可以检测到发生在接头部位的局部放电，而且能够检测到远离接头位置的电缆本体内局部放电信号。对于长距离的电力电缆线路进行交叉互联接地时，如果在测试过程中发现电缆系统中存在局部放电，则必须在测试过程中将交叉互联排全部短接。因此，有条件时，建议提前将电缆系统的交叉互联排全部短接，方便测试过程中的局部放电点定位。

4.2.2 检测要求

4.2.2.1 高频局部放电检测要求

高频局部放电检测环境要求：

（1）检测目标及环境的温度宜在－10～40℃。

（2）空气相对湿度不宜大于90%。若在室外，不应在有雷、雨、雾、雪的环境下进行检测。

（3）在电缆设备上无各种外部作业。

（4）进行检测时应避免其他设备干扰源等带来的影响。

高频局部放电检测仪器要求如下：

（1）在检测时，必须保证仪器电源电力充足。

（2）检测中应避免高频 CT 传感器、同轴电缆受到损伤。

4.2.2.2 高频局部放电现场检测方法

高频 CT 传感器安装在电缆终端、中间接头的交叉互联线、接地线等位置，接线如图 4－4 和图 4－5 所示。

由于电缆处于运行状态，从安全方面考虑，检测过程中采用感性传感器采集放电信号。信号采集方式如图 4－6 所示。

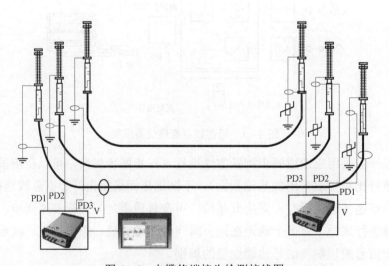

图 4－4　电缆终端接头检测接线图

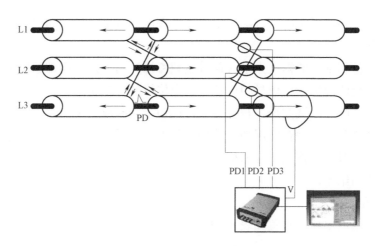

图 4-5 电缆中间接头检测接线图

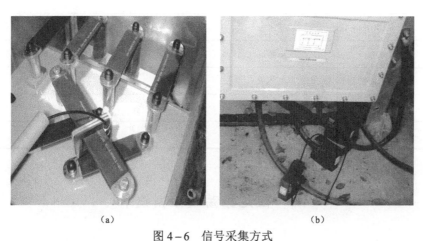

（a）　　　　　　　　　　　　　　（b）

图 4-6 信号采集方式

（a）交叉互联接地箱内传感器安装方式；（b）直接接地箱传感器安装方式

高频局部放电检测步骤如下：

（1）检测前正确安装仪器各配件，启动设备并进行必要的软件设置。

（2）开始检测前应自检仪器工作是否完好。

（3）在被测电缆本体卡接同步线圈，获取相位信息。若现场无法取得同步信息，可用外施电源进行同步，并可通过移相的方式，对测量信号进行观察和分析。

（4）对所有检测部位进行高频局部放电检测，在检测过程中保证高频 CT 传感器方向一致。

（5）做好测量数据、图谱存储及记录。若存在异常，应出具检测报告。

4.2.2.3 高频局部放电检测数据分析原则

首先根据相位图谱特征判断测量信号是否具备 50Hz 相关性。若具备，说明存在局部放电，继续以下步骤：

（1）排除外界环境干扰，即排除与电缆有直接电气连接设备（如变压器、GIS 等）或空间的放电干扰。

（2）根据各检测部位的幅值大小（信号衰减特性）初步定位局部放电部位。

（3）根据各检测部位三相信号相位特征，定位局部放电相别。

（4）根据单个脉冲时域波形、相位图谱特征初步判断放电类型。

（5）在条件具备时，综合应用超声波局部放电仪、示波器等仪器进行精确定位。

当检测到异常时，需按照相应的格式记录异常信号放电图谱、分类图谱及频图谱，并填写初步分析判断结论。

4.2.3 典型设备

典型高频局部放电检测装置如表 4−3 所示。

表 4−3 典型高频局部放电检测装置

产　品	生产厂家
CPDM−100T 局部放电检测仪	北京兴迪仪器有限责任公司
TechImp 公司高频局部放电测试仪	意大利 TechImp 公司
HVPD 手持式局部放电巡检仪	英国 HVPD 公司
MPD600 局部放电检测仪	Omicron
DLPD−200 局部放电检测仪	上海慧东公司

4.3　阻尼振荡波检测技术

4.3.1　基本原理

振荡波测试系统（Oscillating Wave Test System，OWTS）是目前对电缆全部长度的本体、电缆附件进行局部放电测量、局部放电源定位的非破坏性技术手段之一。采用 OWTS 技术对被测电缆进行等效于正常运行时的电压、频率的局部放电测量，且不会造成使电缆绝缘击穿或损坏的负面影响。通过逐步渐进升压，OWTS 局部放电检测技术使被测电缆在较低的激励电压下即可暴露局部放电，一旦探测到局部放电产生，及时停止局部放电测量，可很好地保护重要电力电缆线路因长时间加压留下潜伏性缺陷。此外，OWTS 的技术优势在于局部放电测量与状态评估可结合计划停电等易于操作的时间段进行开展，避免了紧急非计划停运情况下的抢修。

OWTS 的测试原理如下：将 220V 交流电源升压整流成高电压小电流的直流源，将直流源通过电抗器（LC 系统电感 L）向被测高压电缆（LC 系统电容 C）充电升压（图 4−7）。当电缆升压至所需的检测电压值时，通过计算机数控直接指令光感开关动作，切断加压电源，同时闭合 LC 振荡回路开关形成振荡回路，在电缆中产生振荡波电压，形成一种衰减的正弦波电压（图 4-8）。同时，系统在被测电缆侧装设高压分压器，内部集成耦合电容和局部放电检测装置，在系统开始振荡时同步显示和收集电缆振荡波形信号，波形信号通过后台软件系统可分析出局部放电信号及其局部放电量和大致定位。

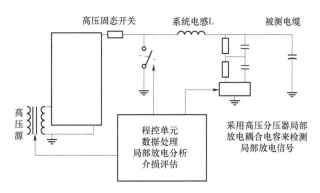

图 4-7 OWTS 阻尼振荡波系统结构原理

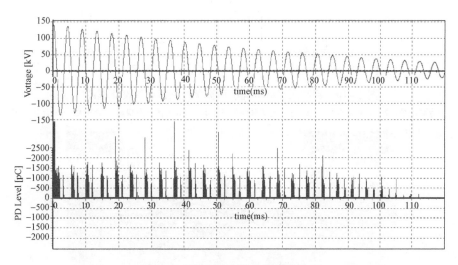

图 4-8 阻尼振荡波试验电压波形

4.3.2 DAC-250 系统

国家电网江苏电力科学研究院与中国电力科学研究院合作，自主研制出超高压交联电缆阻尼振荡波测试系统，其最高输出峰值电压达 250kV。该系统主要功能包括：① 阻尼振荡波耐压；② 局部放电测量；③ 局部放电源定位；④ 介质损耗测试；⑤ 绝缘健康水平诊断与评估。超高压交联电缆阻尼振荡波测试系统原理及设计框图如图 4-9 和图 4-10 所示，其结构组成如图 4-11 所示。

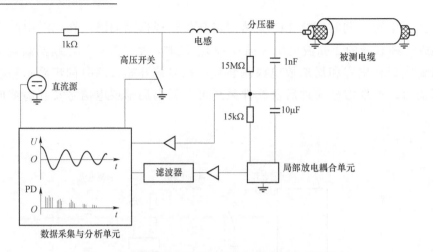

图 4-9　超高压交联电缆阻尼振荡波测试系统原理

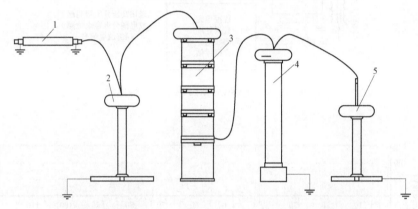

图 4-10　超高压交联电缆阻尼振荡波测试系统设计框图

1—待测电缆；2—无晕阻容分压器；3—无晕振荡电感；4—高电压光触发快速同步开关；5—高压电源

图 4-11　超高压交联电缆阻尼振荡波测试系统结构组成

1. 直流电源

ZGF-250/10 直流高压发生器（图 4-12）最大交流输出电压 250kV，充电电流 10mA，最大升压速率 30kV/s。

图 4-12 ZGF-250/10 直流高压发生器

2. 高电压光触发快速同步开关

高电压光触发快速同步开关（图 4-13）是制约更高电压等级的阻尼振荡波测试系统硬件装置研制的技术瓶颈。采用耐压高达 65kV 的光电可控硅模块作为开关单元，突破性以多级串联方式组建，借助光控技术实现开关开闭时间小于 1μs，有效地确保触发脉冲的同步性，可耐受 25～250kV 输出电压，并在高压工况下自身无局部放电。

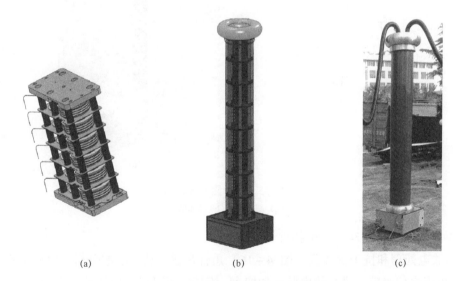

(a)   (b)   (c)

图 4-13 高电压光触发快速同步开关

(a) 开关单元；(b) 多个开关单元叠装；(c) 开关实物图

3. 无晕振荡电感

经过大量试验验证，设计的无晕振荡电感（图 4-14）满足无局部放电要求，电感最大电流为 $I_{max} = C\omega U = 220\text{A}$ ，满足 200m～20km（0.04～4μF）高压电缆试验要求。

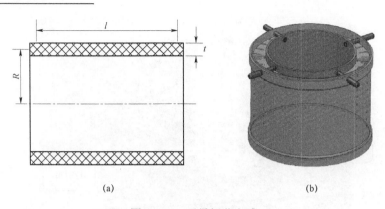

(a)   (b)

图 4-14   无晕振荡电感

(a) 单槽电感结构；(b) 电感整体结构

4. 无晕阻容分压器

无晕阻容分压器（图 4-15）采用无晕耦合电容器，额定电容 1000pF，使用频率 20～500Hz，额定耐压达 DC 250kV，局部放电测量带宽为 20kHz～2MHz，额定电压下局部放电小于 2pC。

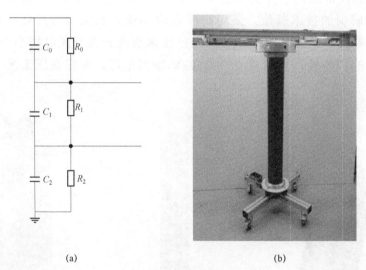

(a)   (b)

图 4-15   无晕阻容分压器

(a) 原理图；(b) 实物图

5. 局部放电信号处理和抗干扰设计

局部放电处理和抗干扰装置（图 4-16）具有带通滤波、小波分析、时延分析等抗干扰功能，可根据信号特点进行放电脉冲的取舍。该装置还可以生成清晰的局部放电图形（如电压波形与局部放电信号关系图、三维图谱等），以便确定局部放电的类型。

6. 系统局部放电分析软件

对所研制的超高压交联电缆阻尼振荡波测试系统开发了相应的专业分析软件（图 4-17），实现了电缆测试信息记录、局部放电校验、原始数据采集、回放、局部放电测量及定位等功能。

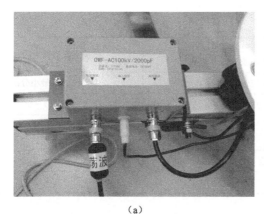

(a)　　　　　　　　　　　　　　(b)

图 4-16　局部放电信号处理和抗干扰装置

（a）振荡波形采集滤波器；（b）局部放电耦合单元

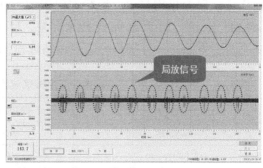

(a)　　　　　　　　　　　　　　(b)

图 4-17　阻尼振荡波测试系统局部放电分析软件

（a）软件主界面；（b）系统测试主界面

7. 超高压交联电缆阻尼振荡波测试系统系统与国外同类产品性能对比

研制的超高压交联电缆阻尼振荡波测试系统的局部放电水平检测和带宽符合 IEC 60270 标准，各项性能指标达到或超过国外同类产品的水平，详细的指标对比如表 4-4 所示。

表 4-4　　　　超高压交联电缆阻尼振荡波测试系统与国外同类产品性能对比

装置类型	超高压交联电缆 阻尼振荡波测试系统	国外同类产品
供电电源	AC 380（1±10%）V，50Hz	AC 220（1±10%）V，50Hz
最大交流输出电压（kV）	250	250
振荡频率范围（Hz）	30～300	20～350
空心电感	4 节总电感 1.25H（直流电阻 72R）	4 节总电感 1.5H（直流电阻 75R）
测试电缆电容范围（μF）	0.025～13	0.035～8
高压充电电流（mA）	10	8
局部放电测量范围	1pC～100nC	1pC～100nC
局部放电水平检测与带宽	符合 IEC 60270 标准	符合 IEC 60270 标准
局部放电定位带宽	150kHz～45MHz，自动调节	150kHz～20MHz

装置类型	超高压交联电缆 阻尼振荡波测试系统	国外同类产品
局部放电定位测量精度（%）	电缆全长 1（最小分辨率 2m）	电缆全长 1（最小分辨率 3m）
介质损耗测量范围（%）	0.1～10	0.1～5
局部放电实时采样率 （MHz）	100	100
局部放电校准模式	自动/手动	自动/手动
质量（kg）	850	950

4.3.3 典型设备

阻尼振荡波状态检测技术作为一种用于交联电缆现场绝缘性能检测的新兴技术，是目前国内外研究机构与电力运行部门密切关注的技术热点，相应的检测设备最早由德国 SebaKMT 公司于 20 世纪 90 年代末开发，目前阻尼振荡波技术已成为输配电电缆测试和诊断常用的方法之一。国内外阻尼振荡波检测装置如表 4-5 和表 4-6 所示。

表 4-5　　　　　　　　　国内外阻尼振荡波检测装置信息汇总

产品型号	开发时间（年）	生产厂家
OWTS 25	1999	德国 SebaKMT 公司
OWTS HV 250	2004	
OWTS M 28	2005	
OWTS M 60	2006	
OWTS HV 150	2007	
OWTS HV 350	2008	
QH-OWTS-MV-V1.0	2010	青岛华电高压电气有限公司
AC-OWTS	2011	西安交通大学

表 4-6　　　　　　　　　国内外阻尼振荡波检测装置实物图

产品型号	实　物　图
OWTS 25	

产品型号	实　物　图
OWTS HV 250	
OWTS M 28	
OWTS M 60	
OWTS HV 150	
OWTS HV 350	

产品型号	实 物 图
QH－OWTS－MV－V1.0	
AC－OWTS	

4.4 超声波局部放电检测案例

4.4.1 10kV 某线路 1#分支箱进线 B 相局部放电缺陷

4.4.1.1 案例概况

名称：10kV 某线路 1#分支箱进线 B 相。

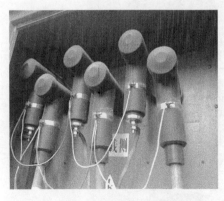

图 4－18 10kV 某线路 1#分支箱
进线 B 相电缆现场照片

时间：2011 年 3 月 7 日。

10kV 某线路 1#分支箱进线 B 相电缆现场照片如图 4－18 所示。

4.4.1.2 试验设备

HDUT－100 多传感器智能化局部放电超声定位装置。

4.4.1.3 试验步骤

测量前，由试验人员对 10kV 某线路 1#分支箱进线 B 相进行超声波检测，测量的背景信号均为 0.2mV，周期峰值 0.85mV。

测量时，由试验人员对 10kV 某线路 1#分支箱进线 B 相电压互感器上部、中部及下部的同一水平位置进行多点反复测试后，得到测试图谱和相位模式下的测试图谱。

4.4.1.4 试验结论

在连续模式下的测试图谱和相位模式下的测试图谱如图 4－19 和图 4－20 所示。

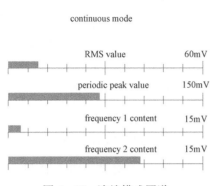

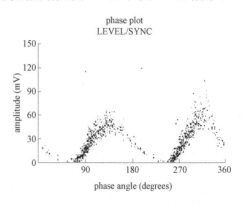

图 4－19 连续模式图谱　　　　　　　图 4－20 相位模式图谱

结果分析：在连续模式图谱中可以看到信号周期峰值和有效值均很大，但周期峰值明显大于有效值，可知检测到脉冲信号。同时，100Hz 频率成分很明显，50Hz 频率成分相对较弱，因此可初步判定电缆接头中可能存在局部放电缺陷。观察相位模式图谱，在一个周期有两簇信号的集中区，说明缺陷处一个周期发生两次放电，这与连续模式下的图谱相符，由此可以进一步验证电缆接头中可能存在局部放电缺陷。

4.4.2 10kV 某线路 4#分支箱 A 相间隙造成的局部放电

4.4.2.1 案例概况

名称：10kV 某线路 4#分支箱 A 相。

时间：2011 年 2 月 16 日。

10kV 某线路 4#分支箱 A 相电缆现场照片如图 4－21 所示。

4.4.2.2 试验设备

HDUT－100 多传感器智能化局部放电超声定位装置。

4.4.2.3 试验步骤

测量前，由试验人员对 10kV 某线路 4#分支箱 A 相进行超声波检测，测量的背景信号均为 0.2mV，周期峰值 0.85mV。

图 4－21 10kV 某线路 4#分支箱 A 相电缆现场照片

测量时，由试验人员对 10kV 某线路 4#分支箱 A 相电压互感器上部、中部及下部的同一水平位置进行多点反复测试后，得到测试图谱和相位模式下的测试图谱。

4.4.2.4 试验结论

运用超声局部放电检测仪进行局部放电测试，其连续模式图谱和相位模式图谱如图 4－22 和图 4－23 所示。

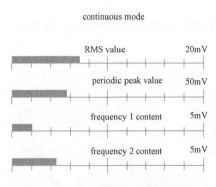

图 4－22　超声检测连续模式图谱

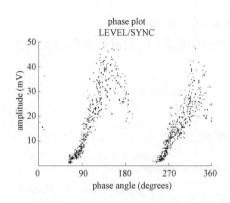

图 4－23　超声检测相位模式图谱

结果分析：在连续模式图谱中可以看到信号周期峰值和有效值均较大，但周期峰值明显大于有效值，可知检测到脉冲信号。同时，50Hz 频率成分和 100Hz 频率成分均很明显，且 100Hz 频率成分明显大于 50Hz 频率成分，因此可初步判定电缆接头中可能存在局部放电缺陷，且放电信号在一个周期内的正负半波成对出现。进一步观察相位模式图谱可知，在一个周期内有两簇信号的集中区，说明缺陷处在一个周期内发生两次放电，这与连续模式下的检测结果相符，由此可进一步验证电缆接头中可能存在局部放电缺陷。根据局部放电的特征图谱可以初步判断存在可能由于间隙造成的局部放电。

4.4.3　10kV 某线路 4#分支箱出线侧 A 相间隙造成的局部放电

4.4.3.1　案例概况

名称：10kV 某线路 4#分支箱出线侧 A 相。

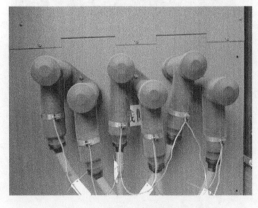

图 4－24　10kV 某线路 4#分支箱
出线侧 A 相电缆现场照片

时间：2011 年 3 月 8 日。

10kV 某线路 4#分支箱出线侧 A 相电缆现场照片如图 4－24 所示。

4.4.3.2　试验设备

HDUT－100 多传感器智能化局部放电超声定位装置。

4.4.3.3　试验方法

测量前，由试验人员对 10kV 该线路 4#分支箱出线侧 A 相进行超声波检测，测量的背景信号均为 0.2mV，周期峰值 0.85mV。

测量时，由试验人员对 10kV 该线路 4#分支箱出线侧 A 相电压互感器上部、中部及下部的同一水平位置进行多点反复测试后，得到测试图谱和相位模式下的测试图谱。

4.4.3.4 试验结论

运用超声局部放电检测仪进行局部放电测试，其连续模式图谱和相位模式图谱如图 4－25 和图 4－26 所示。

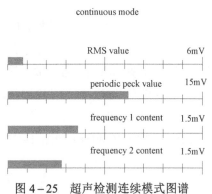

图 4－25　超声检测连续模式图谱

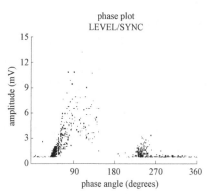

图 4－26　超声检测相位模式图谱

结果分析：在连续模式图谱中可以看到信号周期峰值和有效值均比较大，但周期峰值明显大于有效值，可知检测到明显的脉冲信号。同时，50Hz 频率成分和 100Hz 频率成分均较大，因此可初步判定电缆接头中可能存在局部放电缺陷，且其 50Hz 频率成分大于100Hz 频率成分，由此可知放电脉冲在一个工频周期内出现一次的概率较大。观察相位模式图谱可知，在一个周期内有一簇大的集中区和一簇小的集中区，这与连续模式下的检测结果相符，由此可进一步确定电缆接头中可能存在局部放电缺陷。

4.5　高频局部放电检测案例

4.5.1　案例 1

4.5.1.1　案例概况

2014 年 6 月 12 日，某公司电缆运维单位对某 220kV 电缆线路进行例行高频局部放电带电检测。该段线路共长 8.4km，其中电缆部分长度为 5.8km，电缆型号 YJLW03－127/220kV－1×2500mm^2（电容标称值为 0.233μF/km，20℃时电阻值为 0.007 3Ω/km）。

4.5.1.2　试验设备

CPDM－100T 局部放电检测仪。

4.5.1.3　试验步骤

（1）安装 A、B、C 三相高频局部放电传感器，连接局部放电信号传输光缆。

（2）安装同步线圈、数据传输线等。

（3）启动各检测单元的电源，打开局部放电检测软件进行调试。

（4）观察数据处理终端（笔记本电脑）的检测信号时域波形与对应的相位分辨的局部放电 PRPD（Phase Resolved Partial Discharge，PRPD）图谱，排除干扰并判断有无异常局部放电信号。

77

（5）确定存在异常局部放电信号后，可利用去噪、模式识别及放电聚类等方法进一步识别。

（6）对放电源进行定位，结合放电特征及放电缺陷诊断结果给出检测诊断结论，并提出检修建议。

4.5.1.4 试验结论

在41#杆户外终端处检出疑似局部放电信号（放电信号具有明显的相位相关性，信号簇团中心相距约180°）。现场测试人员多次调整改变检测中心频率，在二维、三维统计分布图谱分析基础上，结合放电信号时域波形特征与频域分布特性，进一步明确所检信号的放电属性，判断放电发生在电缆终端附近的非主绝缘结构部分。最后，运用基于三相同步信号检测获得的三相幅值关联图谱（3PARD），分析得出放电位置处于41#杆户外终端B相。

41#杆户外终端4MHz下的放电信号（中心频率4MHz，带宽300kHz）如图4−27所示。

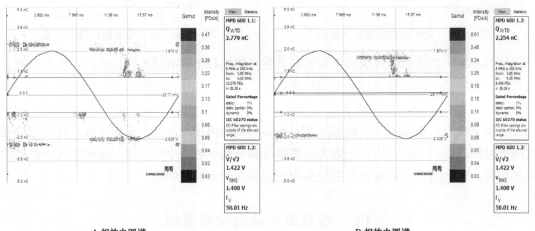

A 相放电图谱　　　　　　　　　　　　　B 相放电图谱

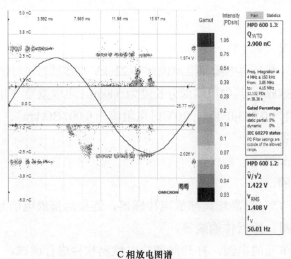

C 相放电图谱

（a）

图 4−27　41#杆户外终端 4MHz 检测中心频率下放电信号的特征图谱（一）

（a）41#杆户外终端三相的 PRPD 图谱比较

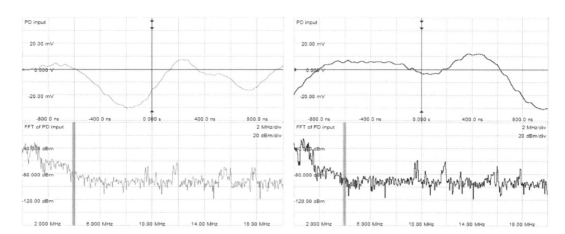

A 相时域波形及频域特性　　　　　　　　　　　B 相时域波形及频域特性

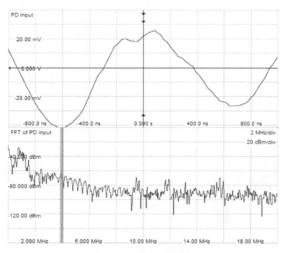

C 相时域波形及频域特性

（b）

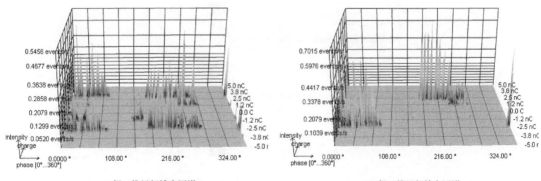

A 相三维局部放电图谱　　　　　　　　　　B 相三维局部放电图谱

（c）

图 4-27　41#杆户外终端 4MHz 检测中心频率下放电信号的特征图谱（二）

（b）41#杆户外终端三相的时域波形及频域特性比较；（c）41#杆户外终端三相的 Q-Φ-N 图谱比较

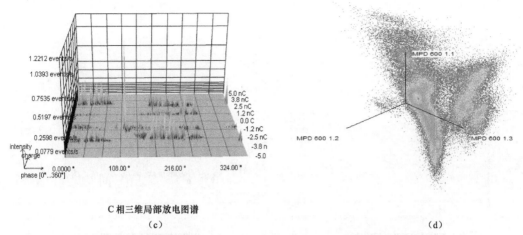

C相三维局部放电图谱

（c）   （d）

图 4-27   41#杆户外终端 4MHz 检测中心频率下放电信号的特征图谱（三）

（c）41#杆户外终端三相的 Q-Φ-N 图谱比较；（d）41#杆户外终端三相的 3PARD 图谱

41#杆户外终端 12MHz 下的放电信号（中心频率 12MHz，带宽 300kHz）如图 4-28 所示。

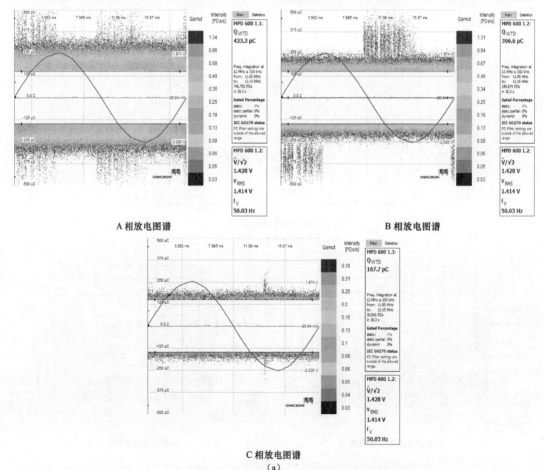

C相放电图谱

（a）

图 4-28   41#杆户外终端 12MHz 检测中心频率下放电信号的特征图谱（一）

（a）41#杆户外终端三相的 PRPD 图谱比较

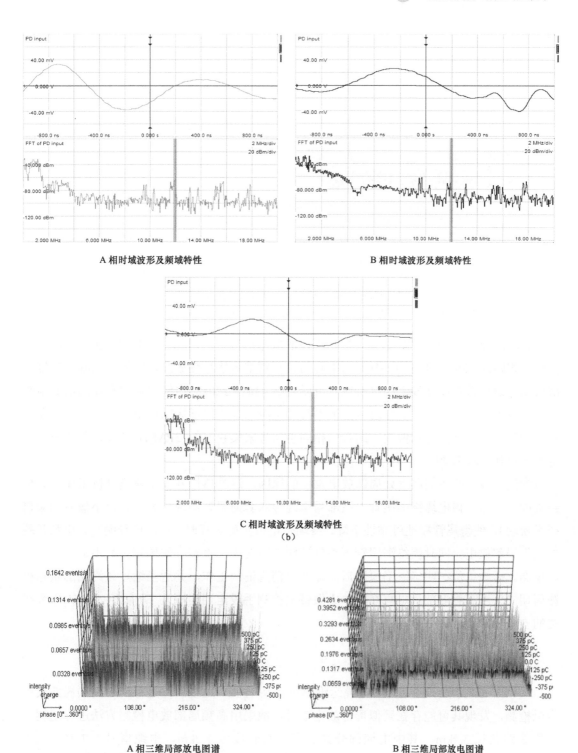

A 相时域波形及频域特性

B 相时域波形及频域特性

C 相时域波形及频域特性
(b)

A 相三维局部放电图谱

B 相三维局部放电图谱

(c)

图 4-28   41#杆户外终端 12MHz 检测中心频率下放电信号的特征图谱（二）

（b）41#杆户外终端三相的时域波形及频域特性比较；（c）41#杆户外终端三相的 Q-Φ-N 图谱比较

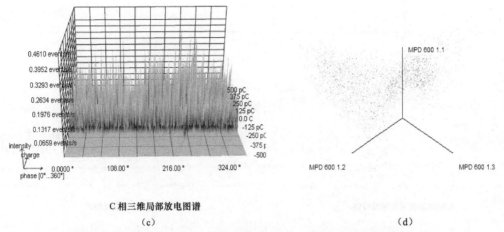

C相三维局部放电图谱

（c）   （d）

图4-28 41#杆户外终端12MHz检测中心频率下放电信号的特征图谱（三）

（c）41#杆户外终端三相的Q-Φ-N图谱比较；（d）41#杆户外终端三相的3PARD图谱

  41#杆220kV电缆终端A、B、C相出现的放电信号与电压相位角存在相关性，信号簇团中心相距约180°，且在12MHz为中心的较高频带下信号频域出现明显特征峰。三维局部放电图谱也符合局部放电相位特性，可以判断41#杆220kV电缆终端中存在局部放电活动，且位于终端附近。但信号时域波形不符合主绝缘系统内部局部放电的波形特征，尤其是信号脉冲的上升沿时长偏大，结合三相同步信号采集获取的3PARD图谱，判断出信号源来自户外终端B相。

  为进一步明确终端尾管处局部放电发生的原因，运维单位开展了缺陷分析工作，分析结果如下：由于该电缆终端尾管下端部与电缆金属套搪铅处局部松脱（疑似小偷意图偷窃摇晃松动），使得尾管接地可靠性下降，终端带电带负荷运行时，局部电场畸变，松脱开裂处发生局部放电；同时因终端尾管下端部接触电阻变大，直接导致尾管接触不良发热，温度偏高。运维单位在明确缺陷原因后立即开展消隐消缺工作，并适当缩短该终端的状态检测周期（采用高频局部放电与红外热成像带电检测手段定期巡检），确保该220kV电缆线路的安全稳定运行。

4.5.2 案例2

4.5.2.1 案例概括

  2015年03月23日，某公司电缆运维单位对某110kV电缆线路进行例行高频局部放电带电检测，发现其可能存在疑似局部放电信号，故采用高频局部放电检测方法进行复测。该段线路共长3.4km，其中电缆部分共3段，总长度为1.2km，电缆型号YJLW03-64/110kV-1×630mm²。

4.5.2.2 试验设备

CPDM-100T局部放电检测仪。

4.5.2.3 试验步骤

（1）安装 A、B、C 三相高频局部放电传感器，连接局部放电信号传输光缆。

（2）安装同步线圈、数据传输线等。

（3）启动各检测单元的电源，打开局部放电检测软件进行调试。

（4）观察数据处理终端（笔记本电脑）的检测信号时域波形与对应的 PRPD 图谱，排除干扰并判断有无异常局部放电信号。

（5）确定存在异常局部放电信号后，可利用去噪、模式识别及放电聚类等方法进一步识别。

（6）对放电源进行定位，结合放电特征及放电缺陷诊断结果给出检测诊断结论，并提出检修建议。

4.5.2.4 试验结论

3 月 23 日，27#杆户外终端高频局部放电检测结果如图 4−29 所示。

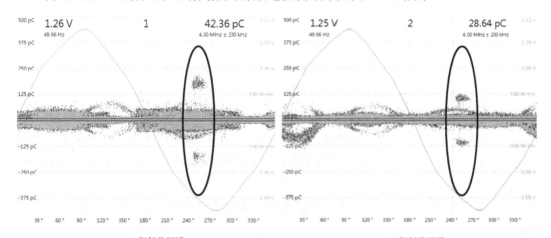

A 相相位图谱   B 相相位图谱

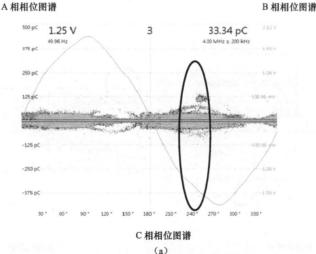

C 相相位图谱

（a）

图 4−29 23 日 27#户外终端高频局部放电检测结果（一）

（a）27#户外终端三相相位图谱比较

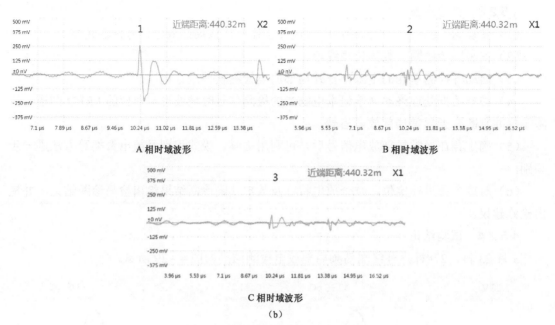

A 相时域波形

B 相时域波形

C 相时域波形

（b）

图 4-29　23 日 27#户外终端高频局部放电检测结果（二）

（b）27#户外终端三相时域波形比较

在 27#户外终端 A、B、C 三相上均检测到一个较强的放电信号，其信号的相位图谱和时域波形图如图 4-29 中所示。从相位图谱中可以看出该放电信号均在第三象限靠近 270°处，判断该信号属于电晕放电。由于该信号从 A 相至 C 相幅值减小，因此判断该信号为 A 相电晕放电。

3 月 23 日与 25 日，29#杆户外终端高频局部放电检测结果分别如图 4-30 和图 4-31 所示。

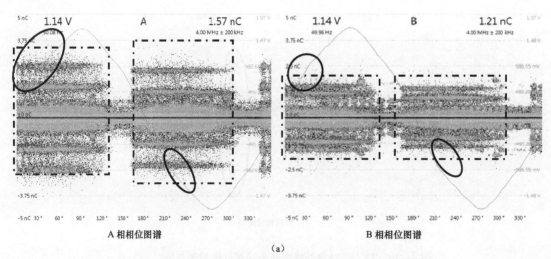

A 相相位图谱

B 相相位图谱

（a）

图 4-30　23 日 29#户外终端高频局部放电检测结果（一）

（a）29#户外终端三相相位图谱比较

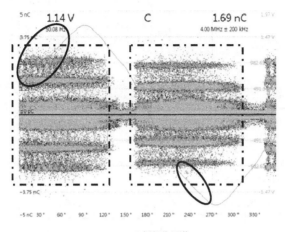

C 相相位图谱

（a）

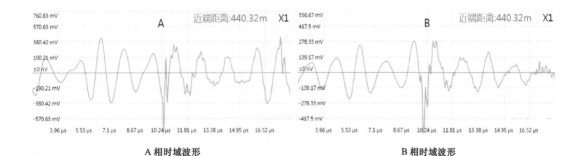

A 相时域波形   B 相时域波形

C 相时域波形

（b）

图 4-30   23 日 29#户外终端高频局部放电检测结果（二）

（a）29#户外终端三相相位图谱比较；

（b）29#户外终端三相时域波形比较

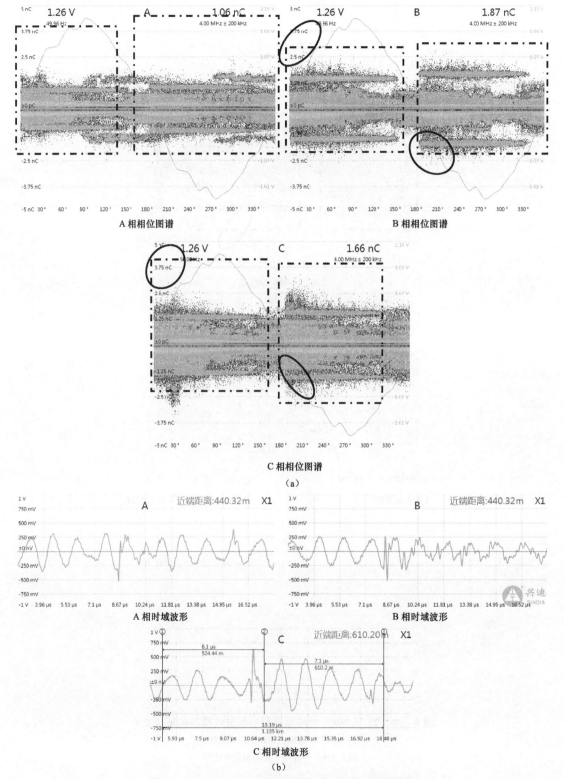

图4-31　25日29#户外终端高频局部放电检测结果
(a)29#户外终端三相相位图谱比较；(b)29#户外终端三相时域波形比较

86

（1）图4-30与图4-31中A、B、C三相矩形所示区域：存在明显的放电信号，该信号相位满足180°对称关系，判断该信号属于外部金属悬浮放电或者电缆终端内部气隙放电。

（2）图4-30中A、B、C三相椭圆形所示区域：存在少量的放电信号，该相位满足180°对称关系，且从三相时域图谱中均检测到尖峰脉冲波形，判断该信号属于电缆绝缘局部放电。

（3）图4-31中B、C三相椭圆形所示区域：存在少量的放电信号，该相位满足180°对称关系，且从两相时域图谱中均检测到尖峰脉冲波形；且C相时域波形中可看到脉冲尖峰反射波形，进一步判断该信号属于电缆绝缘局部放电。

综合上述分析，判断29#户外终端C相在检测时间段内存在局部放电现象。

鉴于同厂家同类型终端已有5起故障，且故障检测结果发现电缆终端存在家族性缺陷，运维单位立即开展消隐消缺工作，结合停电计划对该终端进行处理。处理结果发现29#户外C相终端电缆主绝缘已明显变黄，如图4-32所示。

图4-32　C相终端电缆主绝缘明显变黄

4.6　阻尼振荡波局部放电检测案例

4.6.1　案例1

4.6.1.1　案例概况

线路为双回路，中间共有34个接头井，线路全长为14 701m。一端为户外终端，另一端为GIS终端。将试验电缆所有交叉互联箱按图4-33所示进行接线处理。

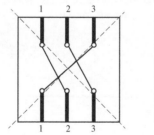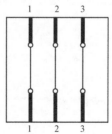

图4-33　交叉互联箱接线处理

4.6.1.2　试验设备

HDDAC-250系统试验照片如图4-34～图4-36所示。

4.6.1.3　试验步骤

HDDAC-250分压器为阻容分压器，经过严格测试，精度达到1.5%以上。HDDAC-250充电电源高压塔经过标准分压器检测，精度满足 1% 以内；标准分压器经校验，精度满足 1% 以内。

图 4-34　HDDAC-250 系统试验图

图 4-35　分压器与电缆连接图

图 4-36　升压

振荡波试验系统连接至 4Y15 线 B 相。用 HDTDR-200 测试 B 相电缆全长，以便准确定位局部放电源位置，如图 4-37 所示。

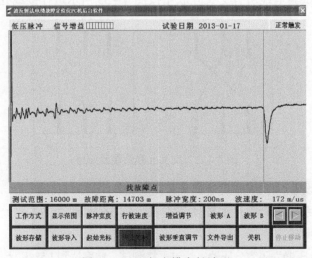

图 4-37　B 相电缆全长波形

对 B 相进行局部放电校验，从 20nC、10nC、5nC、2nC、1nC、0.5nC 依次校验，标定局部放电量的大小。图 4-38 所示为 20nC 局部放电校验波形。因为该电缆有 14 701m 长，所以在校验波形上看不到反射脉冲（不影响局部放电量测试，但是在定位时所取波速度会存在误差）。

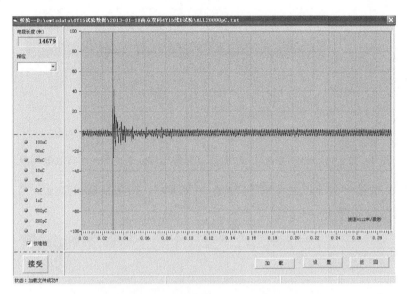

图 4-38 B 相局部放电校验波形（20nC）

4Y15 线 B 相第一次加压 $0.2U_0$（峰值 35.9kV），无明显局部放电。

4Y15 线 B 相开始加压 $0.3U_0$（峰值 53.9kV），电压加至 53.9kV 时，出现闪络现象（电压升到 53.9kV 后，电缆击穿放电；重新升压，仍可以升高到 53kV 左右）。试验人员断开试验电缆，检查振荡波试验系统，确认仪器正常。

振荡波试验系统连接至 4Y15 线 A 相并开始加压试验。$0.2U_0$（峰值 35.9kV）、$0.3U_0$（峰值 53.9kV）、$0.4U_0$（峰值 71.8kV）、$0.5U_0$（峰值 89.8kV）、$0.6U_0$（峰值 107.8kV）、$0.7U_0$（峰值 125.7kV）振荡波试验加压正常，试验数据采集正常。部分测试结果如图 4-39 和图 4-40 所示。

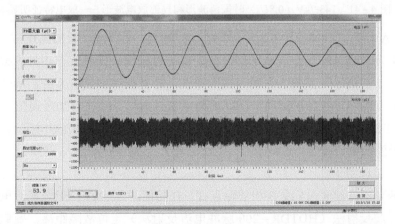

图 4-39 53.9kV（$0.3U_0$）时振荡波形和局部放电波形——未发现局部放电

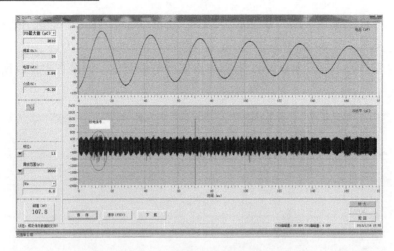

图 4-40　107.8kV（$0.6U_0$）时振荡波形和局部放电波形——有放电现象

　　4Y15 线 A 相第一次加压至 $0.8U_0$（峰值 143.7kV），振荡波试验加压正常，试验数据采集正常，测试结果如图 4-41 所示。

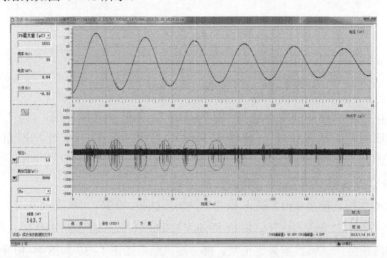

图 4-41　143.7kV（$0.8U_0$）时振荡波形和局部放电波形——放电特征明显

　　4Y15 线 A 相第二次加压至 $0.8U_0$（峰值 143.7kV），振荡波试验加压正常，试验数据采集正常。但振荡波设备和局部放电采集设备采集的数据均呈现异常于正常的振荡波形，测试结果如图 4-42 所示。试验人员断开试验电缆，检查振荡波试验系统，确认仪器正常。再次对 4Y15 线 A 相进行加压试验，出现泄漏电流过大，无法正常加压现象。

　　为排除 GIS 内绝缘问题，专门派人到 GIS 站内监听。对 B 相施加电压到 53.9kV，在 GIS 站没有听到放电声音。

4.6.1.4　试验结论

　　（1）220kV 码双线 4Y15 线 B 相故障查找。B 相能耐 53.9kV，配合直流电源和阻容分压器，应用行波反射法（HDTDR-200 脉冲电流反射法）定位故障距离，疑似 4941m，波形如图 4-43 所示。

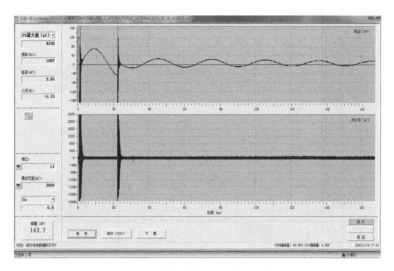

图 4－42　143.7kV（$0.8U_0$）时振荡波形和局部放电波形——放电特征明显

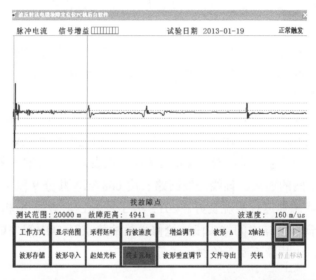

图 4－43　B 相脉冲电流波形（因中间接头反射异常，故判断为故障点）

派相关人员分别到 10#、11#、12#井查看，在 12#井听到中间接头放电声音，重复三次，确认该中间接头故障。总共定位时间 30min。

（2）220kV 码双线 4Y15 线 A 相故障查找。A 相泄漏电流较大，25kV 时 7mA，故只能应用 HDCZ－1 车载定位电源（最高输出电压 30kV，如图 4－44 所示）配合 HDTDR－200 进行故障距离定位。定位故障距离为 4131m，波形如图 4－45 所示。

图 4－44　HDCZ－1 车载定位电源

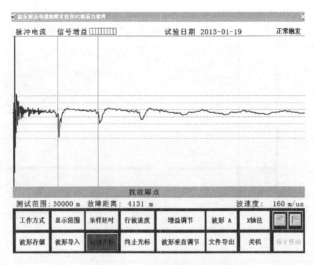

图 4-45　A相脉冲电流波形

相关人员分别察看 9#和 10#接头井，9#接头井未听见放电声音，10#接头井放电声音明显。总共定位时间 30min。

确认 4Y15 线 B 相故障点为 12#接头，4Y15 线 A 相故障点为 10#接头。

4.6.2　案例2：220kV M 线电缆线路阻尼振荡波局部放电检测

4.6.2.1　案例概况

220kV M 线电缆线路于 2008 年 12 月投产，纯电缆线路，主要敷设方式为电缆沟道结合过路排管，采用 1200mm² 线芯截面电缆，设计最大输送电流 910A，一侧为位于室内的户外式电缆终端，另一侧为 GIS 终端，电缆结构参数见表 4-7。选取户外终端作为测试点，测试时断开电缆与电网的连接。该线全线回路长度 6687m，共分 9 段电缆，形成 3 个交叉互联接地系统。M 线总体运行情况良好。2011 年 3 月 6 日，该线 A 相因地铁施工外破造成跳闸，故障点位于 4#～5#中间接头段，抢修更换故障点至 5#中间井电缆段长 230m，新制作中间接头 2 个，该故障不属于绝缘性能原因。

表 4-7　　　　　电缆结构参数

序号	材　料　名　称		单位	规格参数
1	额定电压		kV	220
2	额定载流量		A	910
3	芯数			1
4	导体	标称截面积	mm²	1200
		绞线种类		4 扇形紧密绞合
		外径	mm	约 41.7
		20℃时导体最大直流电阻	Ω/km	0.0156
5	导体屏蔽层厚度		mm	约 1
6	绝缘标称厚度		mm	27

序号	材 料 名 称		单位	规格参数
7	绝缘屏蔽层厚度		mm	约 1
8	垫层总厚度		mm	约 1
9	铅护套标称厚度		mm	2.8
10	ＰＥ外护套标称厚度（外涂石墨层）		mm	4.5
11	电缆总直径		mm	136
12	电缆净重		kg/m	24.9
13	导体额定温度	正常运行	℃	90
		短路情况	℃	250

电缆线路停电并连接好 OWTS 后，将 M 线相关信息资料录入系统，如表 4-8 所示。

表 4-8　　　　　　　　　M 线 相 关 信 息 资 料

起点变电站	变电站 1
终点变电站	变电站 2
敷设时间	2013.12
线路名称	M 线
绝缘类型	交联聚乙烯
中间头数量	8（6 个交叉互联改成直通）
电缆长度	6687m
电压等级	220kV
运行电压	$U_0=127$kV（有效值）（90kV，峰值）
测试电压频率	64Hz
电缆电容（一相）	1.13μF
运行历史	总体情况良好，外力破坏 1 次

4.6.2.2　试验设备

OWTS HV150/250 系统。

4.6.2.3　试验步骤

测试之前，需要依据 IEC 60270 标准对系统进行校准。校准过程中，标准局部放电脉冲（pC）被注入电缆中，读取其波速和脉冲幅值，校准从 100pC、200pC、500pC、1nC、2nC、5nC、10nC 七挡依次完成，如图 4-46 所示。

同理，采用 OWTS HV250 系统进行 M 线的阻尼振荡波局部放电检测，先进行现场背景噪声的检测，实测到的背景噪声波形如图 4-47 所示。背景噪声情况良好（不超过10pC），虽可见室内的电晕干扰，但测试可以忽略排除。图 4-47 中的小尖刺在测试所有电缆时都固定产生且大小不变，故认定其为该设备系统产生。

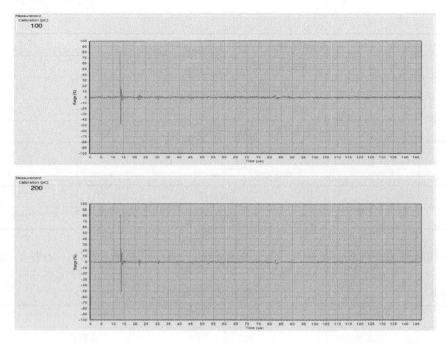

图 4-46　IEC 60270 校准：100pC/200pC 的校准脉冲确定波速及校准整个测试系统

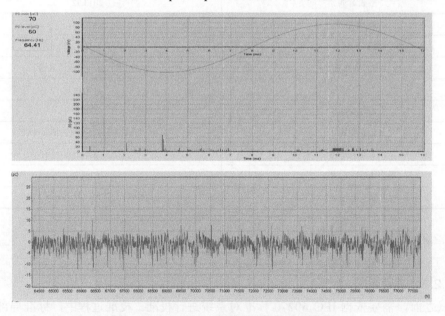

图 4-47　220kV M 线测试时背景噪声波形

做好局部放电校准和背景噪声测试后，正式采用振荡波加压对电缆进行现场局部放电测试，加压时系统记录电缆的有关参数特性，如表 4-9 所示。试验从 0 电压开始，采用增幅为 $\Delta V=30$kV 的电压逐级升压检测，每个电压等级施加 5 次振荡波，一直升压至 U_0。U_0 以后直接升压至最高试验电压 $1.1U_0$。若发现有可疑信号，可多加几次振荡波周期和通过升、降压来观察信号的变化，以便找到局部放电起始电压和熄灭电压。

表4-9 振荡波测试回路参数

参 数	数 值
被测电缆电容 C_{TO}（μF）	1.13
系统电感 L_C（H）	5.5
最大测试电压 U_{max}（kV_{peak}）	250
最大充电电流 I_{Cmax}（mA）	8
振荡频率 f_r（Hz）	64
介损因数 D_f（%）	13
振荡波测试电压参数	
测试电压 U_T（kV，峰值）	117
电压增幅 ΔU（kV，峰值）	$1U_0$ 以下为 15kV，$1U_0$ 以上为 $0.1U_0$
振荡次数 $N_{DAC}/\Delta U$	5

在对 M 线的 B 相及 C 相进行振荡波加压测试过程中，未发现明显的局部放电信号，U_0 和 $1.1U_0$ 的波形图谱分别如图 4-48 和图 4-49 所示。由图可见，相关检测到的波形图谱与背景噪声类似，初步未见异常。

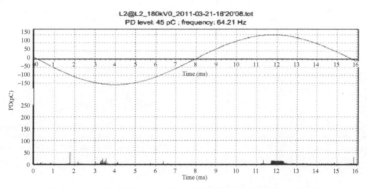

图4-48 U_0 电压下 M 线 B 相的振荡波检测波形图谱

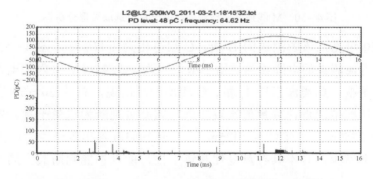

图4-49 $1.1U_0$ 电压下 M 线 B 相的振荡波检测波形图谱（一）

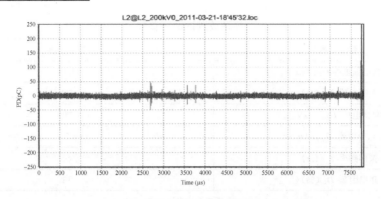

图 4-49　1.1U_0 电压下 M 线 B 相的振荡波检测波形图谱（二）

4.6.2.4　试验结论

虽然现场检测到的波形图谱未发现异常，我们仍然将有关录入数据进行后台专家系统软件分析，选取部分可疑波形段进行行波时域反射法（Time Domain Reflectometry，TDR）分析。

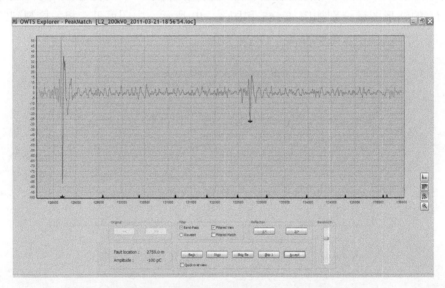

图 4-50　M 线振荡波检测局部放电定位选取波形分析图

由图 4-50 可见，该图测试的 B 相、C 相电压为 1.1U_0 时，图 4-50 定位的位置为 0～1m，即为检测点的电缆终端。由于检测点为一个 220kV 室内带电设备场所，极可能受到电晕干扰，此类波形段 B 相、C 相均同时出现，总共 20～30 次。信号相角大多出现在电压峰值附近，且量值比较接近，因此可判断为电晕干扰。图 4-50 定位的位置 B 相为 2759m，另有 C 相 1425m 和 C 相 2953m 各出现一次，因为局部放电脉冲发现的总数非常少，且不具有重复性和集中性，所以不能判断其为局部放电信号，详见图 4-51。

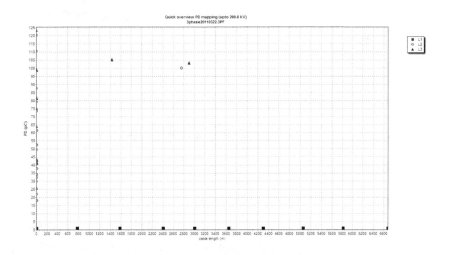

图 4-51 M 线所有局部放电脉冲信号定位汇总

因此得出如下结论：

（1）测试电压 $1.0U_0$ 为 127kV（有效值，峰值为 180kV）以下时，除了一些电晕信号，在背景噪声水平下未发现局部放电现象。

（2）$1.0U_0$ 电压等级以上直到 $1.1U_0$ 为 141kV（有效值，峰值为 200kV），B 相发现一次局部放电脉冲，C 相发现两次局部放电脉冲，但不具有重复性和集中性。

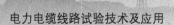

电缆检测新技术

随着科技水平的进步以及交叉学科的日渐成熟，电力工作者和科研机构一直尝试采用新技术对电缆性能及其缺陷进行检测诊断，如超声波阵列震动测量、介质损耗检测和 X 射线检测技术等，可以有效解决电缆内部结构难观察、绝缘性能难评价等难题。本章着重介绍介质损耗检测技术和 X 射线检测技术两种新技术。

5.1 介质损耗检测技术

交联聚乙烯电力电缆所处工作环境恶劣，在潮气与电场的共同作用下绝缘内部产生水树枝，成为诱发交联聚乙烯电力电缆绝缘破坏的主要原因之一。迄今为止，专家学者还没有对水树枝做出确切的定义，但是，一般认为水树枝是高分子有机绝缘的一种液态导电物质（常见的是水）电导性老化现象。一旦某些液体导电物质（如水）存在于两个电极之间的绝缘层中（如电极与绝缘交界面处），那么当此处场强超过一定值时，导电物质就会沿着电场慢慢进入电缆绝缘层的深处形成泄痕。这些泄痕形状类似树枝或树叶，所以被称为水树枝。水树枝是聚合物的降解结构，降解结构具有下列性能：① 永久性；② 在极少的潮气和极小的电场下可以成长；③ 与原始的材料相比，当潮湿时有极小的电应力，但水树枝不是短路也不是击穿；④ 实质上降解结构比原始聚合物有较强的亲水性（如在聚乙烯中其典型的吸水量超过 1%）。由于水树枝为有利于水分进入的聚合物降解结构，因此有文献定义水树枝为亲水的内含物或者是亲水性空洞，认为水树枝中水分蒸发后水树枝并不消失。该定义包含了电缆老化水树枝、针电极水树枝及其他类型水树枝。

由于常规的电缆测试技术，如耐压试验、局部放电试验等，对电缆水树枝不敏感，因此近年来国内外学者针对含水树枝交联聚乙烯电缆的整流效应、极性效应、谐波效应、超低频响应等特性进行研究，推动交联聚乙烯电缆水树枝带电检测技术的发展，提出了相应的有效检测方法，主要包括直流分量法、谐波分量法、损耗因数法、超低频响应法等。

5.1.1 直流分量法

1987 年，K. Soma 和 H. Oonishi 等人对运行后的电缆进行了比较详尽的试验，肯定了直流分量是交联聚乙烯电缆绝缘含水树枝的标志，提出了通过在线检测直流电流来判断运行中交联聚乙烯电缆老化的方法，即直流分量法。

研究发现，在工作状态中的含有水树枝的电缆绝缘，在线芯和金属屏蔽层中间会有微小的直流电流存在，该直流成分完全是由于电缆水树枝引起的，是绝缘中水树枝引起的特征量。因此通过检测直流电流，就可以诊断出电缆水树枝的老化情况。这种测试方法是可行的，目前已有企业基于该原理开发出相关的设备，并已投入生产使用。

直流分量法的理论依据是电缆中有水树枝存在时，电缆的绝缘因为水树枝而出现整流效应。当电缆处于运行状态，水树枝的尖端在外施电的负半周期时会向电缆绝缘中注入较多的负电荷。这些负电荷会在水树枝处于半周期时被一部分正电荷中和，因为在正半周期时，水树枝尖端被注入的正电荷同负半周期相比较少，仅有一部分负电荷被中和，余下的负电荷就会形成电流，从而可被检测。

图 5-1 所示为直流分量法检测示意图，试验时将开关 S 打开，使交联聚乙烯电缆承受外施电压，通过电压跟随器调整辅助电源，使耦合所得交流电流 I' 与交联聚乙烯电缆中流过的交流电流 I 大小相等，方向相反，从而补偿交联聚乙烯流向直流测试仪表中的交流成分。直流测试仪所测的值为由于整流效应所产生的直流成分，通过直流成分的大小来判断交联聚乙烯电缆水树枝的老化情况。图 5-1 中的电容 C 用于隔断直流，C_x 为电缆老化模型中的电容。交联聚乙烯电缆中存在着水树枝绝缘缺陷时，在交流正、负半周内表现出不同的电荷注入和中和特性，导致在长时间交流工作电压的反复作用下，水树枝的前端积聚了大量的负电荷，水树枝前端所积聚的负电荷逐渐向对方漂移，这种现象称为整流效应。直流分量法的缺点是该直流分量微弱，精度很难把握，且采用直流分量法对交联聚乙烯电缆绝缘进行带电检测存在较多干扰因素，如电缆运行现场的强工频干扰、电容电流干扰、电缆金属屏蔽出现接地化学电势 E_s、线路对地电晕放电等。

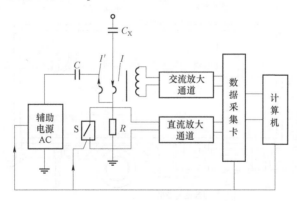

图 5-1 直流分量法检测示意图

5.1.2 谐波分量法

交联聚乙烯绝缘电缆存在水树枝时，由于绝缘的电导呈现出非线性特征，在正弦电压作用下的损耗电流将出现谐波分量，因此损耗电流谐波分量的测量为电缆水树枝老化状态的检测和监测提供了一种新方法。

加拿大和日本的研究人员率先研究谐波分量法，并且已经开发了相应的离线检测系统。谐波分量法检测示意图如图 5-2 所示。

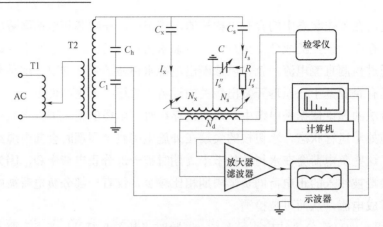

图 5-2 谐波分量法检测示意图

1992 年，日本学者最早发现交联聚乙烯电缆存在水树枝时，在标准正弦波电压激励下，交联聚乙烯电缆绝缘可检测到损耗电流的谐波分量，因此进行了大量基础研究，解释了损耗电流谐波分量产生的原因，并证实损耗电流的 3 次谐波分量幅值与水树枝老化的面积有关，而 3 次谐波的相位与水树枝长度有关。在此基础上，日本学者开发了适合现场电缆诊断的离线，车载式谐波电流测试系统，如图 5-3 所示，完成了 53 根老旧电缆（运行年限 21～27 年）的验证性测试。试验结果充分证实了采用损耗电流谐波分量法诊断电缆绝缘老化状态的可行性。继日本之后，加拿大国家电力科学院也进行了类似的研究，并开发了相应的测试设备。

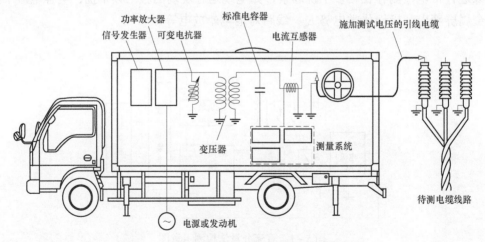

图 5-3 日本研制的车载式谐波电流测试系统

5.1.3 损耗因数测试法

损耗因数是表征电缆绝缘损耗特性的技术参数，损耗因数大说明绝缘性能差。绝缘老化是指绝缘在外部应力长期作用下，其性能发生不可逆变的劣化现象。无论哪一种老化机制都伴随着复杂的物理化学过程，绝缘材料的化学成分和微结构均发生变化，从而绝缘材料电导增大，损耗因数随之增大。由此不难理解老化程度越严重，损耗因数越大。因此，损耗因数可以反映电缆绝缘老化状态，可作为电缆老化状态评价的技术指标之一。

研究表明，介质损耗的大小与水树枝老化的程度相关，在 0.1～50Hz 的损耗因数值与水树枝老化程度有很好的相关性。典型的 $\tan\delta$ 在线检测法是检测两个正弦波过零点的时间差，由频率和时间差来计算相位差，如图 5-4 所示。

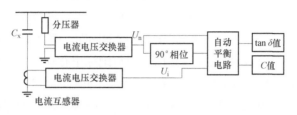

图 5-4 $\tan\delta$ 在线检测法示意图

对于任何形式的电缆绝缘发生任何形式的老化，损耗因数均表现出随老化程度的增加而增加。为此，损耗因数测试法可应用于停电检测、带电检测和在线监测，已被全世界多个国家应用于交联聚乙烯电缆绝缘老化状态诊断中。国内已在开展相关研究工作的基础上成功研制了变频谐振电压的损耗因数测试设备。

然而损耗因数测试法在电缆绝缘诊断方面却存在着一定的盲区，限制了该方法的实际应用，主要问题体现在：损耗因数测试将被试品视为集中参数容性元件，测试结果为损耗电流幅值与容性电流幅值的比值，结果具有参考价值但精确度低。电缆绝缘的等效电路是分布参数，局部缺陷或局部老化是决定整根电缆能否正常安全运行的关键，而损耗因数对局部老化和局部缺陷并不敏感，因此导致损耗因数测试法检测电缆绝缘状态的功效大大降低。对于电缆绝缘水树枝老化而言，大面积但很短的水树枝老化表现出较大的损耗因数，但此时电缆仍能长时间安全运行；而小面积的长水树枝对应损耗因数较小，但此时电缆将在很短时间内发生击穿故障。损耗因数的测量常采用高压电桥法，正接高压电桥要从电缆绝缘的外屏蔽引入电流信号，而电缆线路的多点接地、交叉互联等问题同样限制了损耗因数测试法的实际应用。

损耗因数测试法的关键问题在于如何采用合适的绝缘泄漏电流采样途径实现精确测量。由于交联聚乙烯电缆热老化和水树枝老化均可导致损耗因数的增加，其中仅有水树枝老化可产生损耗电流谐波分量，且随水树枝老化程度的增加而增加。因此，只有损耗因数、损耗电流谐波分量同步测试，才能准确区分电缆的老化形式，反映电缆水树枝数量、长度等生长情况。

5.1.3.1 超低频测量

随着电缆检测技术的不断发展，超低频（Very Low Frequency，VLF）试验方法于 20世纪 90 年代开始应用在交联聚乙烯电缆绝缘检测中，2001 年、2004 年和 2013 年 IEEE 相继制定了超低频试验的试验标准 IEEE Std 400：2001、IEEE Std 400.2：2004、IEEE Std 400.2：2013。M. Kuschel 等对聚乙烯、交联聚乙烯、乙丙橡胶中压电缆绝缘材料在 0.1～50Hz 的 $\tan\delta$ 进行频谱分析，发现 0.1Hz 下的 $\tan\delta$ 明显大于 50Hz 下的 $\tan\delta$，即 0.1Hz 下测量的 $\tan\delta$ 更

易于评估绝缘的老化水平。由于测量 0.1Hz 下的介质损耗因数不存在空间电荷注入与抽出的影响问题，且降低了对设备容量的要求，因此更易于现场试验。

国外对于超低频下交联聚乙烯电缆绝缘介质损耗因数的研究已经取得很多成果。早在 1995 年，M. Kuschel 等对不同绝缘材料的中压电缆进行分析得出，0.1Hz 下交联聚乙烯的 tanδ 随电压的升高呈上升趋势，交联聚乙烯绝缘的损耗主要由极化损耗和电导损耗构成，结构上主要受氧化、水树枝、水分含量和绝缘厚度的影响。挪威的 S. Hvidsten 等认为交联聚乙烯绝缘在 0.1Hz 下的 tanδ 随电压的变化可能与绝缘中存在的水树枝长度有关。美国的 J. CHernández-Mejía 等提出用 0.1Hz 下的 tanδ 及 tanδ 的时间稳定性和电压稳定性来判断电缆的老化水平，并验证了 0.1Hz 下的 tanδ 随电压变化越大，击穿场强越小的规律。韩国的 D. Kim 等通过构造三维模型定量描述了 0.1Hz 下 tanδ 随电压和时间的变化与绝缘性能的关系。在国内，国家电网公司、南方电网公司、上海电缆研究所等多家单位也将测量电缆 0.1Hz 下的 tanδ 应用在现场测试中。

正是由于直流耐压测试针对交联聚乙烯电缆的弊端已被业界公认，国家电网公司配网状态检修试验规程中已明确采用 20～300Hz 交流电压对交联聚乙烯电缆的主绝缘进行考核。然而，无论工频耐压还是基于谐振放大原理的串（并）谐耐压技术均需采用大容量、大体积的试验设备，对于具有"点多面广"的配网电缆设备来说，确实不利于基层单位在现场普遍开展。因此，国外早已开展多种耐压测试方法以替代工频或串谐耐压的研究工作。根据德国柏林工业大学的研究结论，0.1Hz 余弦方波对聚乙烯和交联聚乙烯电缆可以提供相对低的局部放电起始电压，但无法同时进行介质损耗的测量。结合 0.1Hz 正弦波电压能够同步测量介质损耗角，从而实现对交联聚乙烯电缆整体绝缘老化状况进行评估。

按照国际规程 IEEE Std400.2：2013《有屏蔽电力电缆系统 1Hz 以下超低频方法现场试验指引》，超低频介质损耗检修标准如表 5-1 所示。

表 5-1　　　　　　　　　　　IEEE 超低频介质损耗检修标准

电缆绝缘层老化状态评价结论	超低频介质损耗随时间稳定性		介质损耗因数变化率 DTD		介质损耗因数平均值 VLF-TD
无需采取检修行动	<0.1	或	<5	或	<4
建议进一步测试	0.1～0.5		5～80		4～50
需要采取检修行动	>0.5		>80		>50

以 10kV 电缆为例，0.1Hz 介质损耗测试要求及方法如下。

1. 测量系统配置与技术要求

测量系统：10kV 电缆系统。

最高测试电压：不小于 34kV（峰值）。

电压波形：超低频正弦波电压（与负荷无关）、超低频方波电压和直流电压。

测试标准：IEEE 400.2：2013。

测量项目：超低频耐压、超低频介质损耗测量，可以增加超低频下的局部放电测量功能。

2. 试验接线图

超低频试验接线图如图 5-5 所示。

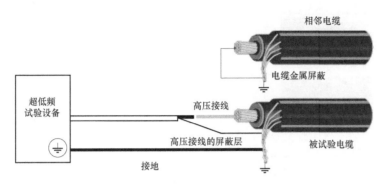

图 5-5 超低频试验接线图

为保证测量准确性，被测试电缆线路长度要求不小于 150m，线路的接头形式、运行方式和环境不限。

对于运行年限较长且暂无更换计划的电缆线路，应该避免进行过高电压下（2.5U_0 以上）的超低频耐压试验。

3. 超低频介质损耗测量方法

（1）在 0.5U_0、U_0、1.5U_0 电压下测量介质损耗因数 TD。

（2）计算介质损耗因数变化率 DTD，计算公式为 DTD = TD（1.5U_0）- TD（0.5U_0）。

（3）在特定电压下测量介质损耗因数在一定时间内的变化情况（TDTS）。试验时，电压应以 0.5U_0 的步进值从 0.5U_0 开始升高至 1.5U_0。当试验电压从 0.5U_0 上升至 U_0 时，如果介质损耗因数显著增大，则意味着电缆系统已经发生了明显的劣化，在绝缘严重受损的部位有产生电树枝的危险。在这种情况下，可以不进行 1.5U_0 电压下的试验。

（4）每一个步进电压下应至少完成 6 次介质损耗因数测量，两次测量之间应间隔 10s。计算出每一步进电压下 TD 的平均值和 TD 或 DTD 的时间稳定性。

5.1.3.2 损耗电流谐波比法

以损耗电流三次谐波比为判据的交联聚乙烯电缆主绝缘水树枝老化状态评价技术，可突破传统电缆绝缘诊断中水树枝老化敏感性差、检测准确率低等难题。通过模拟水树枝试样进行损耗电流谐波分量测试（图 5-6），发现谐波比与水树枝老化程度存在一定的关联性。

对比试验数据，可获得如下结论：

（1）损耗因数随水树枝老化程度增加而增加。

（2）损耗电流 3 次谐波幅值随水树枝老化程度增加而增加。

（3）损耗电流 3 次谐波相位随水树枝老化程度增加而减小。

（4）损耗电流 3 次谐波幅值比损耗因数对水树枝老化程度更敏感。

结合试验研究结果，为消除电缆长度等因素影响，确定以损耗电流谐波比为指标的电缆绝缘水树枝老化分级判据，具体如表 5-2 所示。

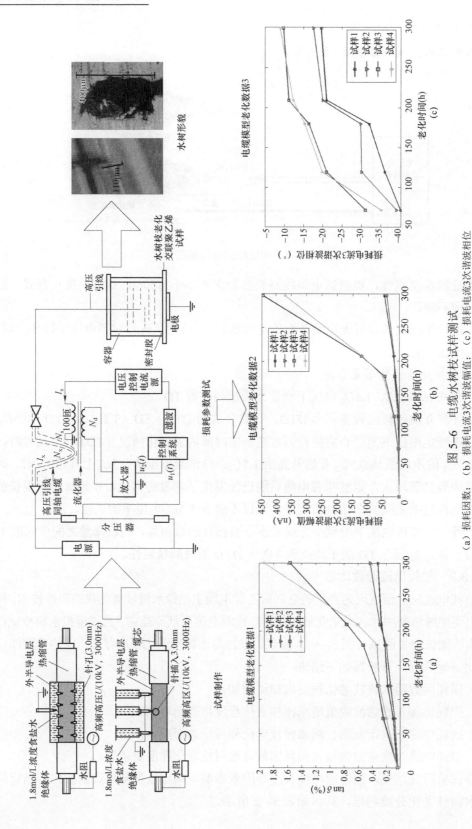

图 5-6 电缆水树枝试样测试

(a) 损耗因数；(b) 损耗电流3次谐波幅值；(c) 损耗电流3次谐波相位

表 5-2   基于损耗电流谐波比的交联聚乙烯电缆绝缘水树枝老化状态分级判据

损耗电流谐波比	电缆绝缘水树枝老化状态	下次检测建议时间
(0, 0.05)	未发生水树枝老化	5 年
(0.05, 0.15)	轻度水树枝老化	2 年
(0.15, 0.5)	中度水树枝老化	1 年
>0.5	严重水树枝老化	经常

在大量现场检测数据论证下,已有发现基于损耗电流谐波比的水树枝老化状态诊断判据,可实现电缆水树枝老化准确预判。

电缆线路损耗因数和损耗电流谐波分量测量整体原理如图 5-7 所示。通过分别位于电缆线路首端和末端的电流比较器获得两端电流,经过矢量运算获取电缆线路绝缘泄漏电流;再通过位于线路两端的由标准电容器形成的电压测量装置获得电缆线路实时电压,二者进行矢量运算获取电缆绝缘损耗因数和损耗电流谐波分量。电流测量所需差动式电流比较器由精密电压控制电流源进行补偿,并通过动态补偿软件进行实时跟随。

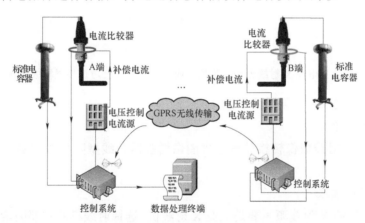

图 5-7   电缆线路损耗因数和损耗电流谐波分量测量整体原理

5.2   X 射线无损检测技术

5.2.1   基本原理

电力电缆遭遇非贯穿性的电缆集中性损伤及压伤时,传统的电气试验很难准确检测到电缆内部的受损情况。X 射线无损检测技术可在不破坏设备结构的基础上,准确检查电缆内部的损伤情况。其技术原理是 X 射线(也可以是 γ 射线或其他高能射线)能够穿透金属材料,并由于材料对射线的吸收和散射作用的不同,从而使胶片感光不一样,于是在底片上形成黑度不同的影像。

电力电缆 X 射线无损检测数字成像系统及成套防护装置可针对高压电缆结构特性和敷设现场进行分析,适用于不同电压等级、不同截面和不同结构(不同混合材料)的电力电缆。通过得到的数字图像可快速准确地分析电缆内部的缺陷情况，操作安全，精度适用，灵活轻便。系统至少具有三大模块：X射线成像检测透照系统、图像处理系统及射线防护系统，其系统构成详见图5-8。

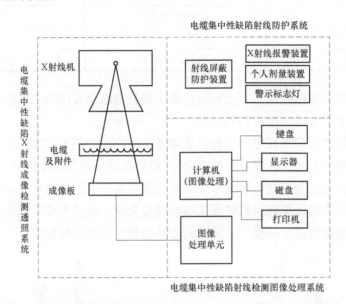

图5-8 电缆X射线无损检测数字成像系统及成套防护装置构成框图

5.2.1.1 X射线成像检测透照系统

1. 成像转换装置

目前常用的X射线成像转换装置包含图像增强器、线型阵列探测器、非晶硅平板探测器。

2. X射线源的选取

目前工业常用的X射线源主要是工业X射线机。选择射线机的首要因素就是射线机所发出的射线对被检试件具有足够的穿透力，并在此基础上充分考虑检测灵敏度、检测方便性等各种因素。

3. 射线机管电压及管电流的选择

管电压、管电流是进行射线检测的重要透照参数，它对射线照片的影像质量和射线照相灵敏度都有重要影响。选取多种管电压、管电流参数的射线机，对表5-3所示的被试电缆进行实验室透射试验，选取射线机管电压、管电流参数。

表5-3 被试电力电缆型号及电压等级

电压等级（kV）	型号
10	YJV22-8.7/15-3×240
110	YJLW03-64/110-1×630
220	YJLW03-127/220-1×800

利用 X 射线成像检测仪对上述电缆分别在 50～140kV 电压范围内进行透照，得到如下结论：要得到电缆内部绝缘层、钢铠、铜屏蔽及导体影像均清晰的透射照片，对于直径较小的 10kV 电压等级电缆，推荐电压 60～70kV；对于 110kV 电压等级电缆或直径较为接近的电缆，推荐电压 70～80kV；对于 220kV 电压等级电缆或直径较为接近的电缆，推荐电压 70～100kV。管电流越大，检测灵敏度越高。

4. 典型参数值

为满足电缆线路集中性缺陷检测的需要，一种电缆用典型 X 射线成像检测仪参数值及实物图如表 5-4 所示。

表 5-4　　　　　　　　　典型 X 射线成像检测仪参数值及实物图

技术参数	参数说明	实物图
管电压调节范围（kV）	60～160	
管电流调节范围（mA）	5	
最大功率（W）	800	
焦点大小（mm）	0.8×0.8	
射线束角度（°）	40	
阳极冷却方式	风冷	
穿透能力	19mm A3 钢	
长×直径（含手环）	225×225×550	
质量（含手环及铅带）（kg）	14.5	
控制单元尺寸（mm）	365×300×145	

5.2.1.2　图像处理系统

X 射线成像检测过程中，会不同程度地引入噪声，影响系统对待测工件缺陷的检测与判定。基于 PDE（Partial Differential Equations，偏微分方程）的各向异性扩散的去噪技术能根据图像内容的不同而采取不同的去噪强度，在一定程度上弥补了传统算法的不足。为实现对图像的处理和显示，检测软件应具备数字图像的采集和转换功能，以及图像锐化、图像平滑、边缘增强、直方图均衡、浮雕、伪彩色等数字图像处理手段。

结合实验室及现场试验对比的实测数据，在考虑单个部件的关键功能指标的同时，综合考虑各项关键影响因素和指标的相互影响调节，选择电缆 X 射线成像转换装置、X 射线源、图像处理系统的最佳方案和技术参数，并达到满足指定电压等级、不同电缆截面的电缆本体及相关终端的无损检测要求。

5.2.1.3　射线防护系统

1. 防护方式的选择

通常工业射线防护主要通过控制三个因素来解决射线的防护问题，分别是：① 时间，控制射线对人体的曝光时间；② 距离，控制射线源到人体间的距离；③ 屏蔽，在人体和射线源之间隔一层吸收物质。

分析电缆线路集中性缺陷检测状况可以发现，所采用的数字成像检测技术曝光时间只有几秒，且每次工作所需要的照射次数是固定的，因此，射线对人体的曝光时间是固定的，通过控制射线对人体曝光时间的方法难以实现射线防护。距离防护和屏蔽防护对电缆线路集中性缺陷检测而言各有优缺点。距离防护简单，无须额外防护设备，但由于电缆主要位于中心城区，人口密集，疏散和隔离透照区以外人员比较困难，甚至不可能实现，因此电缆 X 射线无损检测技术主要考虑屏蔽防护。

2. 屏蔽材料的选择

目前常用的屏蔽材料主要为铅及含铅制品、铁、砖和混凝土等。其中，砖和混凝土虽然成本低廉，来源容易，但多用于固定防护屏障，不适用于电缆集中性缺陷射线检测这种现场作业环境中。而铅和铁相比，同等防护效果屏蔽层铅的质量只有铁的 1/4，因此采用铅屏蔽作为检测的防护材料是最合适的。

3. 屏蔽厚度的计算

根据工艺操作规范，采用 X 射线机作为照射源，其工作电压一般不大于 150kV，因此，屏蔽前照射量（照射率）为 $I_0 = 10$mSv/min。根据国家标准规定，屏蔽后的安全剂量应为 $I = 2.5$μSv/h，则以铅作为屏蔽材料时，半价层的个数应为

$$n = \log_2^{I_0/I} = 18$$

验算得到铅屏蔽层的厚度应为 $T = n \times T_{1/2} = n \times 0.030 \approx 0.54 \, (\text{cm})$。

4. 防护系统结构的设计

为保障人员及设备安全，特设计防护系统。典型防护系统结构如图 5-9 所示，主要由防护板、滑动轨道、电缆口法兰、射线管法兰、平板支架、射线管底座、上箱体框架、下箱体框架、射线管、平板探测器等组成。

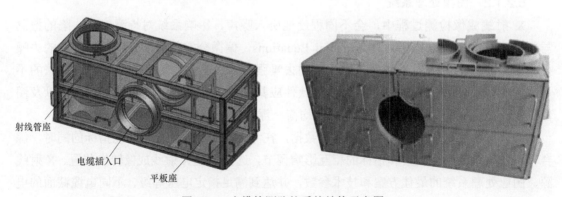

射线管座
电缆插入口
平板座

图 5-9　电缆检测防护系统结构示意图

5.2.2　典型设备

目前，广泛使用的有 X 射线胶片成像、X 射线实时成像和 X 射线数字成像三种无损检测技术，三者比较如表 5-5 所示。

表 5-5   三种无损检测技术比较

检测技术	成像载体	优点	缺点	应用范围
X 射线胶片成像	胶片	设备结构简单，成像分辨率高，技术成熟	成像过程复杂，不能实时成像，成本高，会造成环境污染，不宜长时间保存	钢结构焊缝缺陷、绝缘件内部缺陷、GIS 等设备内部构件位置、合成绝缘子芯棒裂纹检测等
X 射线实时成像	射线敏感器件	准实时成像，无污染	成像质量差，成像过程对人体有损害	工业应用较少
X 射线数字成像	射线敏感器件	实时成像，无污染，低成本，易存储	无	开发研究中

X 射线机通常分为三类，即便携式 X 射线机、移动式 X 射线机、固定式 X 射线机，表 5-6 列出了各类型的主要特点。

表 5-6   X 射线机的类型及结构特点

类型	结构特点	最高管电压（kV）	管电流（mA）
便携式	X 射线管与高压发生器组合，采用低压电缆与操作箱连接。质量小，体积小。	320	可调，达 5
移动式	X 射线管与高压发生器分离，采用高压电缆相互连接	160	可调
固定式	X 射线管与高压发生器分离，采用高压电缆相互连接，有良好的冷却系统。质量大，体积大	450	可调，达 30

目前常用的 X 射线成像转换装置包含图像增强器、线型阵列探测器、非晶硅平板探测器，三者综合比较如表 5-7 所示。

表 5-7   成像转换装置综合比较

类型	价格	灵敏度	成像速度	成像质量	体积
图像增强器	低	低	快	差	大
线型阵列探测器	高	高	慢	好	小
非晶硅平板探测器	较高	高	适中	好	小

电力电缆 X 射线无损检测数字成像系统如图 5-10 所示。

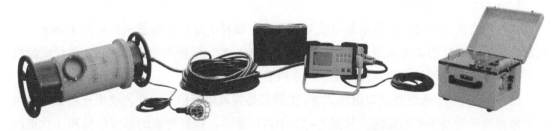

图 5-10 电力电缆 X 射线无损检测数字成像系统

5.3 介质损耗检测案例

5.3.1 案例概况

某供电公司所辖 35kV 某电缆线路，电缆型号为 YJV22-26/35-3×240。采用排管敷设方式，发现电缆护套破裂，且敷设环境存在大量水，初步判断电缆存在进水可能。1999年 11 月 2 日电缆投入运行，后因故障退出。

5.3.2 试验设备

采用某单位研制的损耗电流谐波分量测试装置，对电缆介质损耗进行检测。

5.3.3 试验方法与步骤

试验方法与步骤如下：

（1）A 相分别进行 3.5、5、6.5、8、9.5kV 加压，测试 3 次谐波电压幅值、介质损耗值。

（2）B 相分别进行 3.5、5、6.5、8、9.5kV 加压，测试 3 次谐波电压幅值、介质损耗值。

（3）C 相分别进行 3.5、5、6.5、8、9.5kV 加压，测试 3 次谐波电压幅值、介质损耗值。

5.3.4 试验结论

现场条件下的测试系统与试样照片如图 5-11 所示。

图 5-11　现场条件下的测试系统与试样照片

1. A 相电缆测试结果

损耗电流测试单元平衡指示器灵敏度为 7 档，损耗电流放大器放大倍率为 10 000。当施加幅值为 3.5kV 的谐振电压，谐振频率为 125.04Hz 时，所得到的激励电压、损耗电流典型波形和损耗电流谐波分量波形如图 5-12 所示。

图 5-12 中，1 通道是试验电压信号，2 通道是损耗电流信号；红色波形是对损耗电流信号做傅里叶变换得到的曲线。从图 5-12 中可以看出，损耗电流的基波信号和 3 次谐波也比较明显，电源引起的工频和谐波干扰较小。

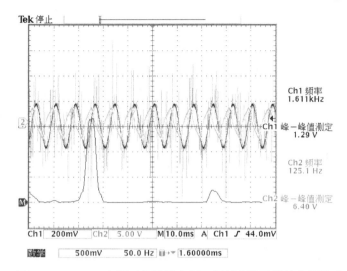

图 5-12　3.5kV 电压下的激励电压、损耗电流及谐波分量波形

同样设备条件，当施加幅值为 5kV 的谐振电压，谐振频率为 125.01Hz 时，所得到的激励电压、损耗电流典型波形和损耗电流谐波分量结果如图 5-13 所示。

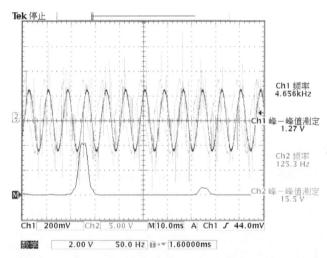

图 5-13　5kV 电压下的激励电压、损耗电流及谐波分量波形

损耗电流测试单元平衡指示器灵敏度为 7 档，损耗电流放大器放大倍率为 3000。当施加幅值为 6.5kV 的谐振电压，谐振频率为 125.14Hz 时，所得到的激励电压、损耗电流典型波形和损耗电流谐波分量波形如图 5-14 所示。

损耗电流测试单元平衡指示器灵敏度为 7 档，损耗电流放大器放大倍率为 3000。当施加幅值为 8kV 的谐振电压，谐振频率为 125.07Hz 时，所得到的激励电压、损耗电流典型波形和损耗电流谐波分量波形如图 5-15 所示。

损耗电流测试单元平衡指示器灵敏度为 7 档，损耗电流放大器放大倍率为 1000。当施加幅值为 9.5kV 的谐振电压，谐振频率为 125.04Hz 时，所得到的激励电压、损耗电流典型波形和损耗电流谐波分量波形如图 5-16 所示。

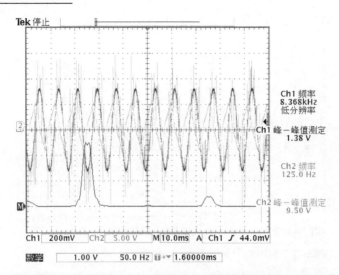

图 5-14　6.5kV 电压下的激励电压、损耗电流及谐波分量波形

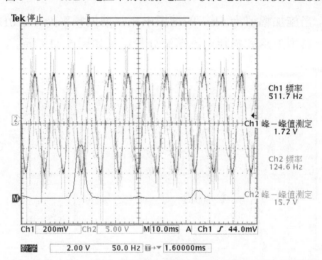

图 5-15　8kV 电压下的激励电压、损耗电流及谐波分量波形

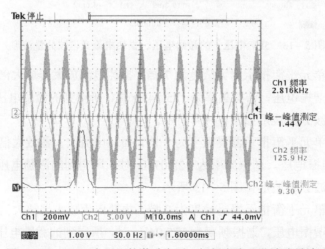

图 5-16　9.5kV 电压下的激励电压、损耗电流及谐波分量波形

上述不同试验电压下测得的损耗电流信号的傅里叶变换结果如图5-17所示。

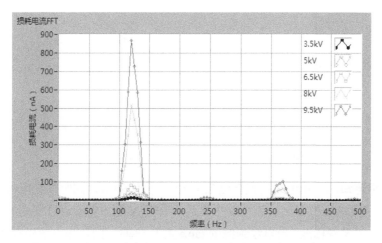

图5-17 在不同试验电压下的损耗电流信号的傅里叶变换结果

从图5-17可以看出，损耗电流含有较大的3次谐波，说明被测电缆发生较为明显的水树枝老化。将损耗电流3次谐波分量与试验电压的关系曲线用图5-18表示。

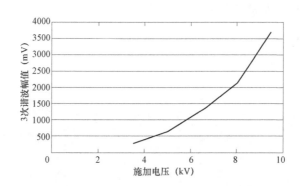

图5-18 损耗电流3次谐波分量与试验电压的关系曲线

在损耗电流谐波分量反映电缆水树枝老化的同时，损耗因数测试结果同样显示电缆发生了老化。A相电缆损耗电流3次谐波分量和损耗因数测试数据结果如表5-8所示。损耗因数与试验电压的关系曲线如图5-19所示。

表5-8 A相电缆测试数据结果

施加电压（kV）	损耗电流3次谐波分量（mV）	损耗因数 $\tan\delta$（$\times 10^{-2}$）
3.5	265	1.26
5.0	640	2.27
6.5	1299	3.33
8.0	2133	4.79
9.5	3700	6.60

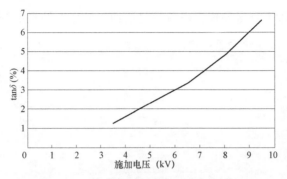

图 5-19　损耗因数与试验电压的关系曲线

从测试结果可知，A 相电缆的损耗因数 tanδ 已达到 6.6%，同时损耗电流 3 次谐波与损耗因数 tanδ 随试验电压的变化率呈非线性关系，说明 A 相电缆已存在水树枝老化区域。根据日本企业给出的参考标准：当电缆绝缘的 tanδ 大于 5% 时，则认为电缆中存在很多水树枝。

2. B 相电缆测试结果

损耗电流测试单元平衡指示器灵敏度为 7 档，损耗电流放大器放大倍率为 10 000。当施加幅值为 3.5kV 的谐振电压，谐振频率为 123.64Hz 时，所得到的激励电压、损耗电流典型波形和损耗电流谐波分量波形如图 5-20 所示。

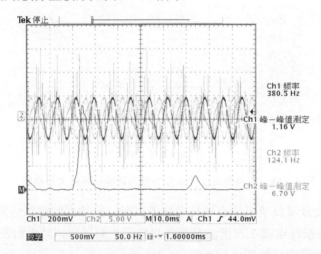

图 5-20　3.5kV 电压下的激励电压、损耗电流及谐波分量波形

损耗电流测试单元平衡指示器灵敏度为 7 档，损耗电流放大器放大倍率为 10 000。当施加幅值为 5kV 的谐振电压，谐振频率为 122.50Hz 时，所得到的激励电压、损耗电流典型波形和损耗电流谐波分量波形如图 5-21 所示。

损耗电流测试单元平衡指示器灵敏度为 7 档，损耗电流放大器放大倍率为 3000。当施加幅值为 6.5kV 的谐振电压，谐振频率为 123.54Hz 时，所得到的激励电压、损耗电流典型波形和损耗电流谐波分量波形如图 5-22 所示。

损耗电流测试单元平衡指示器灵敏度为 7 档，损耗电流放大器放大倍率为 3000。当施加幅值为 8.0kV 的谐振电压，谐振频率为 123.70Hz 时，所得到的激励电压、损耗电流典型波形和损耗电流谐波分量波形如图 5-23 所示。

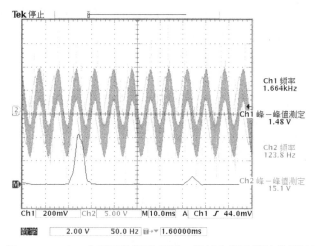

图 5-21　5kV 电压下的激励电压、损耗电流及谐波分量波形

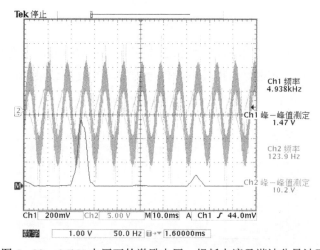

图 5-22　6.5kV 电压下的激励电压、损耗电流及谐波分量波形

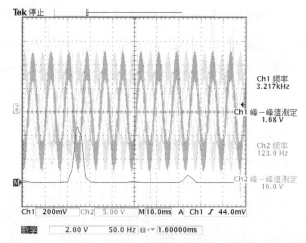

图 5-23　8kV 电压下的激励电压、损耗电流及谐波分量波形

损耗电流测试单元平衡指示器灵敏度为 7 档，损耗电流放大器放大倍率为 1000。当施加幅值为 9.5kV 的谐振电压，谐振频率为 122.17Hz 时，所得到的激励电压、损耗电流典型波形和损耗电流谐波分量波形如图 5-24 所示。

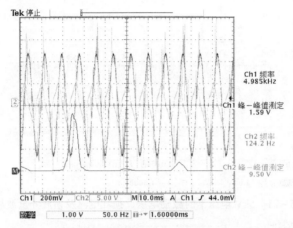

图 5-24　9.5kV 电压下的激励电压、损耗电流及谐波分量波形

从图中可以看出损耗电流的基波信号和 3 次谐波也非常明显，电源引起的工频和谐波干扰较小。不同试验电压下测得的损耗电流信号的傅里叶变换结果如图 5-25 所示。

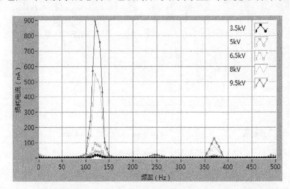

图 5-25　不同试验电压下测得的损耗电流信号的傅里叶变换结果

从图 5-25 可以看出，损耗电流存在很大的谐波分量，尤其是 3 次谐波表现出随试验电压呈非线性增加。损耗电流 3 次分量与试验电压的关系曲线如图 5-26 所示。

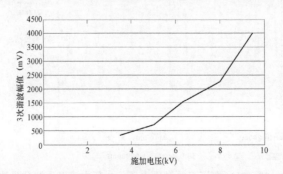

图 5-26　损耗电流 3 次谐波分量与试验电压的关系曲线

在测试损耗电流及其谐波分量的同时，测得 B 相电缆损耗因数，测试结果如表 5−9 所示。

表 5−9   B 相电缆测试数据结果

施加电压（kV）	等效电容（nF）	损耗电流 3 次谐波分量（mV）	损耗因数 $\tan\delta$（$\times 10^{-2}$）
3.5	12.93	310	1.19
5.0	12.99	710	2.17
6.5	13.09	1599	3.40
8.0	13.18	2266	4.78
9.5	13.31	4000	6.48

损耗因数与试验电压的关系曲线如图 5−27 所示。从测试结果可知，B 相电缆的损耗电流 3 次谐波与损耗因数 $\tan\delta$ 随试验电压的变化率呈非线性关系，说明该测试电缆 B 相已存在水树枝老化区域，且介质损耗值 $\tan\delta$ 已达到 6.48%，表明电缆中有很多水树枝。

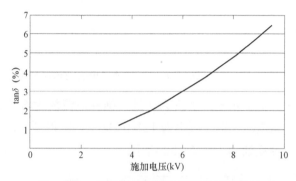

图 5−27 损耗因数与试验电压的关系曲线

3. C 相电缆测试结果

损耗电流测试单元平衡指示器灵敏度为 7 档，损耗电流放大器放大倍率为 10 000。当施加幅值为 3.5kV 的谐振电压，谐振频率为 121.97Hz 时，所得到的激励电压、损耗电流典型波形和损耗电流谐波分量波形如图 5−28 所示。

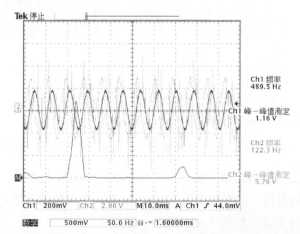

图 5−28 3.5kV 电压下的激励电压、损耗电流及谐波分量波形

损耗电流测试单元平衡指示器灵敏度为 7 档，损耗电流放大器放大倍率为 10 000。当施加幅值为 5kV 的谐振电压，谐振频率为 122.30Hz 时，所得到的激励电压、损耗电流典型波形和损耗电流谐波分量波形如图 5-29 所示。

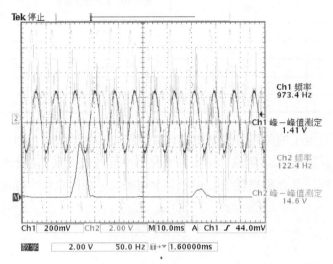

图 5-29　5kV 电压下的激励电压、损耗电流及谐波分量波形

损耗电流测试单元平衡指示器灵敏度为 7 档，损耗电流放大器放大倍率为 10 000。当施加幅值为 6.5kV 的谐振电压，谐振频率为 121.10Hz 时，所得到的激励电压、损耗电流典型波形和损耗电流谐波分量波形如图 5-30 所示。

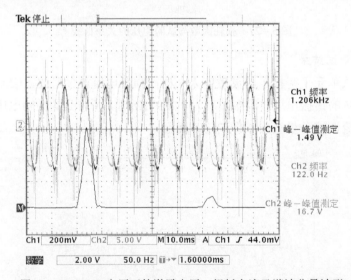

图 5-30　6.5kV 电压下的激励电压、损耗电流及谐波分量波形

损耗电流测试单元平衡指示器灵敏度为 7 档，损耗电流放大器放大倍率为 3000。当施加幅值为 8.0kV 的谐振电压，谐振频率为 122.30Hz 时，所得到的激励电压、损耗电流典型波形和损耗电流谐波分量波形如图 5-31 所示。

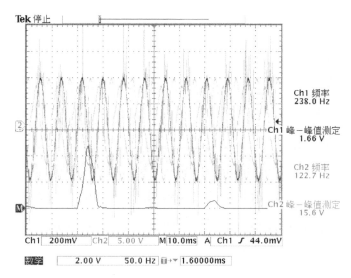

图 5－31　8kV 电压下的激励电压、损耗电流及谐波分量波形

损耗电流测试单元平衡指示器灵敏度为 7 档，损耗电流放大器放大倍率为 1000。当施加幅值为 9.5kV 的谐振电压，谐振频率为 122.17Hz 时，所得到的激励电压、损耗电流典型波形和损耗电流谐波分量波形如图 5－32 所示。

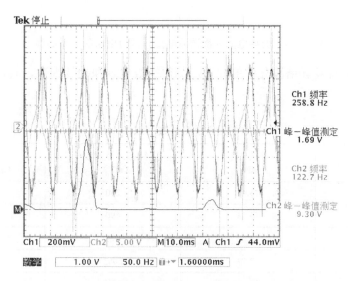

图 5－32　9.5kV 电压下的激励电压、损耗电流及谐波分量波形

从图中可以看出损耗电流的基波信号和 3 次谐波也非常明显，电源引起的工频和谐波干扰较小。不同试验电压下测得的损耗电流信号的傅里叶变换波形如图 5－33 所示，可以看出损耗电流存在 3 次谐波分量。

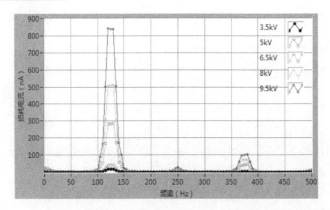

图 5-33 不同试验电压下测得的损耗电流信号的傅里叶变换结果

损耗电流 3 次谐波分量与试验电压的关系曲线如图 5-34 所示。

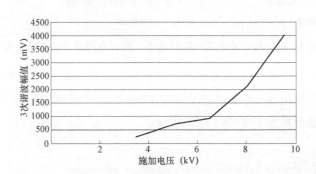

图 5-34 损耗电流 3 次谐波幅值与试验电压的关系曲线

在测量损耗电流及其谐波分量的同时，测得等效电容和损耗因数，具体试验数据结果如表 5-10 所示。

表 5-10   C 相电缆测试数据结果

施加电压 （kV）	等效电容 （nF）	损耗电流 3 次谐波分量 （mV）	损耗因数 $\tan\delta$（$\times10^{-2}$）
3.5	13.46	250	1.05
5	13.53	690	1.93
6.5	13.62	925	3
8	13.72	2083	4.34
9.5	13.84	4000	6.09

损耗因数与试验电压的关系曲线如图 5-35 所示。

从测试结果可知，C 相电缆中损耗电流 3 次谐波与损耗因数 $\tan\delta$ 随试验电压的变化率呈非线性关系，说明该测试电缆 C 相已存在水树枝老化区域，且介质损耗值 $\tan\delta$ 已达到 6.09%，表明电缆中有很多水树枝。

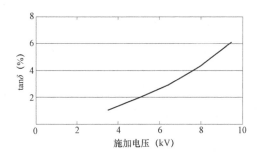

图5-35　损耗因数与试验电压的关系曲线

4. 测试结论

测试结果表明该35kV交联聚乙烯电力电缆线路的损耗因数大，损耗电流谐波分量明显，电缆绝缘已发生水树枝老化。

5.4　X射线检测案例

5.4.1　案例概况

2014年4月13日，某供电公司所辖110kV某线路因附近道路施工，造成电缆外护套破损，电缆弯曲，如图5-36所示。该线路全长6.8km，2011年6月开始投运。线路中电缆总长1.59km，事故区域采用排管敷设方式，外围采用混凝土浇注结构，电缆型号为YJLW03-64/110kV-1×630。

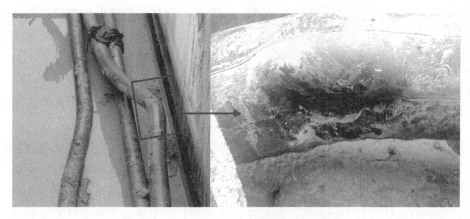

图5-36　现场情况及外力破坏位置

为帮助判断外力破坏对电缆造成的损失及对其性能造成的影响，对塌方区域电缆进行X射线检测。

5.4.2　试验设备

利用V-FR数字射线检测系统，对存在外力破坏的位置进行检测。

5.4.3　试验方法与步骤

检测工艺以能够清晰区分电缆各层结构为准，试验方法与步骤如下：

（1）连接组装好 X 射线机与数字成像板。

（2）检测前通过肉眼观察结合电缆弯折方向，粗略选定受损最严重的截面进行透照。

（3）确认无误后，安装人员从射线区域撤离至安全位置，技术人员确认人员撤离后，依次打开发电机和操作主机，输入相应参数对被测试电缆进行 X 射线透照。

（4）多次调节成像板和 X 射线机相对位置（见图 5-37），保证得到的底片投影截面正确反映实际情况。

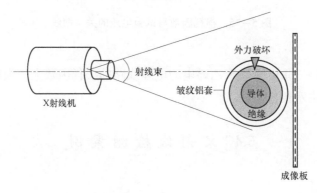

图 5-37　检测位置示意图

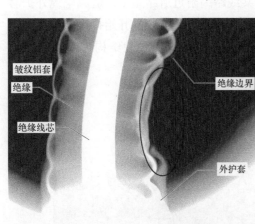

图 5-38　外力破坏位置射线图像

5.4.4　试验结论

最终得到的射线图像如图 5-38 所示。从图 5-38 上看，检测区域内电缆各部分结构清晰，但红色椭圆框内皱纹铝套和正常位置绝缘边界延长线相交，说明该区域皱纹铝套已压入绝缘层，绝缘层受损。

结论如下：

（1）从底片上看，外力作用区域绝缘已受损。

（2）根据国家电网公司状态评价导则的具体要求，对于电缆本体变形，劣化等级判为Ⅲ级，单项扣分 24，电缆设备处于异常状态。

（3）对于 110kV 及以上的高压、超高压电力电缆，由于绝缘厚度设计裕度较低，一旦电缆主绝缘受损，将会直接影响电缆线路的安全稳定运行，甚至发生电缆本体击穿事故。根据本次 X 射线检测结果，外力破坏位置电缆主绝缘变形受损，形成绝缘局部薄弱点，危害电缆安全运行，建议割除受损部位，采取制作中间接头方式进行修复，同时检查该电缆两端接头，确保运行安全。

附录 1 电力电缆交接耐压试验步骤及注意事项

一、试验前准备

1. 准备工作安排

根据工作安排合理开展准备工作，准备工作内容如表 1-1 所示。

表 1-1   准 备 工 作 安 排

序号	内　　容	标　　准	备注
1	开工前 5 天，向有关部门上报本次工作的材料计划	搜集电缆通道、电缆接头、电缆交叉互联接地方式等，分析设备状况	
2	在工作前 3 天编制完成开展方案	开展方案编制工作，内容包括试验目的、试验内容、试验条件、组织措施、安全措施、环境因素和职业健康等。与相关专业人员讨论方案正确性、可行性；内部讨论通过后，将方案发送至设备主管单位等单位，对方案进行讨论并形成正式稿	
3	开工前 1 天，准备好施工所需试验设备与仪器仪表、相关图纸及相关技术资料	试验设备、仪器仪表应试验合格，满足本次施工的要求；材料应齐全，图纸及资料应符合现场实际情况	
4	开工前根据现场实际情况确定现场试验设备与仪器仪表摆放位置	现场试验设备与仪器仪表摆放位置参考试验原理图，确保现场施工安全、可靠	
5	根据本次作业内容和性质确定好试验人员，并组织学习本指导书	要求所有工作人员都明确本次工作的作业内容、进度要求、作业标准及安全注意事项	
6	填写第一种工作票，在开工前 1 天交值班员	工作票应填写正确，并按《国家电网公司电力安全工作规程线路部分》执行	

2. 劳动组织及人员要求

（1）劳动组织。劳动组织明确了工作所需人员类别、人员职责和作业人数，如表 1-2 所示。

表 1-2   劳 动 组 织

序号	人员类别	人员职责	作业人数
1	工作负责人	1）对工作全面负责，在试验工作中要对作业人员明确分工，保证工作质量； 2）对安全作业方案及试验质量负责，并对试验数据分析出具试验报告； 3）工作前对工作班成员进行危险点告知，交代安全措施和技术措施，并确认每一个工作班成员都已知晓	1
2	专责监护人	1）识别现场作业危险源，组织落实防范措施； 2）对作业过程中的安全进行监护	1
3	试验人员	严格按照试验规程的规定操作试验设备及仪器仪表，进行试验	4
4	辅助人员	协助完成现场试验	若干

（2）人员要求。表 1-3 明确了工作人员的精神状态和资格。工作人员的资格包括作业技能、安全资质和特殊工种资质等要求。

表1-3 人 员 要 求

序号	内 容	备注
1	现场工作人员的身体状况、精神状态良好，个人工作服及安全用具齐全	—
2	所有作业人员必须具备《国家电网公司电力安全工作规程线路部分》的相关知识，并经考试合格	—
3	所有作业人员必须具备必要的电气知识，试验人员必须掌握试验专业作业技能，并达到中级工及以上专业等级	—
4	作业辅助人员（外来）必须进行安全措施、作业范围、安全注意事项等方面施教，考核合格后方可参加工作	—

3. 工器具与仪器仪表

试验需要在提供高压电源的情况下开展，工器具与仪器仪表主要包括工器具、仪器仪表和电源设施等，如表1-4所示。

表1-4 工 器 具 与 仪 器 仪 表

序号	名 称	型号及规格	单位	数量	备注
1	电缆耐压集装箱	260kV/86A	套	1	—
2	25T 电抗器	—	台	1	50t 吊车
3	绝缘摇表	—	台	1	—
4	万用表	—	台	1	—
5	波纹管	—	根	若干	—
6	均压环	—	只	若干	—
7	绝缘支撑	—	只	若干	—
8	工具箱（包括扳手、内六角扳手）	—	组	若干	—
9	绝缘绳	—	根	若干	—
10	安全帽	—	只	若干	—
11	各种胶带	—	卷	若干	—
12	安全带	—	根	若干	—
13	硬铜丝	—	根	若干	—
14	电源盘	—	只	若干	—
15	回流线	—	盘	1	—
16	地线	—	盘	1	—
17	梯子	—	组	1	—
18	安全围栏	—	套	若干	—

4. 技术资料

技术资料主要包括现场使用的图纸、出厂试验报告、试验记录等，如表1-5所示。

表 1-5　　　　　　　　　技 术 资 料

序号	名　　称	备　注
1	电力电缆平面布置图、电气接线图	—
2	出厂试验报告	—
3	历史试验记录	—

5. 试验接线图

高压电缆线路分布式局部放电检测接线图见图 1-1。

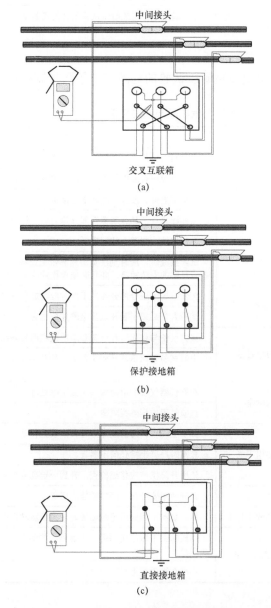

图 1-1　电缆局部放电检测试验接线图

（a）交叉互联箱接线方式；（b）保护接地接线方式；（c）直接接地箱接线方式

6. 试验前设备状态

试验前通过查看表 1-6 的内容，了解高压电缆线路的运行状态。

表 1-6   试 验 前 设 备 状 态

序号	试验前设备状态
1	检查非被试相电力电缆终端头处缆芯、金属护套、法兰等部件是否可靠接地
2	检查被试相电力电缆绝缘电阻是否合格
3	检查加压线与周围障碍物距离，判断是否有足够的安全距离
4	检查与被试电力电缆相连接的避雷器等不满足电力电缆耐压试验条件的设备是否均已断开或退出，并接地

7. 危险点分析与预防控制措施

表 1-7 规定了高压电缆线路耐压试验的危险点与预防控制措施。

表 1-7   危险点与预防控制措施

序号	防范类型	危险点	预防控制措施
1	人身触电	拆、接低压电源	应由两人进行，一人操作，一人监护
			试验电源应有漏电保护器，仪器仪表外壳应可靠接地
			严禁带电拆、接操作回路电源接头
			螺钉旋具等工具金属裸露部分除刀口外包绝缘
		误碰带电设备	运长物件，应两人放倒搬运
			试验接线时，应时刻注意与相邻带电设备的电气距离，与周围相邻带电设备有足够的安全距离，并且高架车作业应可靠接地
		感应触电	在强电场下进行部分停电工作时应增加保安接地线
			试验人员必须在断开试验电源并放电完毕后才能工作
		误登带电设备	被试设备与相邻运行设备必须用围栏明显隔离并悬挂警示牌
			中断试验每次重新开始工作前，应认清工作地点、设备名称和编号，严禁无监护单人工作
		低压触电	测量仪器仪表的电源接头应做绝缘处理
			试验时用安全遮拦隔离
2	高空摔跌	梯子使用不当	梯子应绑牢、防滑，梯上有人，禁止移动
			登高时严禁手持任何工器具
			使用升降梯前应仔细检查，升到一定高度后应按规定设置横绳
		高处作业	正确使用安全带，严禁低挂高用
3	物体打击	引线突然弹出打击	拆、装的引线应用绝缘绳传递，引线运动方向范围内不准站人
		零部件跌落打击	均压帽上下应用传递绳。工器具、物品上、下应用绳子和工具袋传递，禁止抛掷
			不准在脚手板上存放

二、试验流程图

根据试验全过程，以最佳的试验步骤和顺序对试验项目过程进行优化而形成的试验流程图如图 1-2 所示。

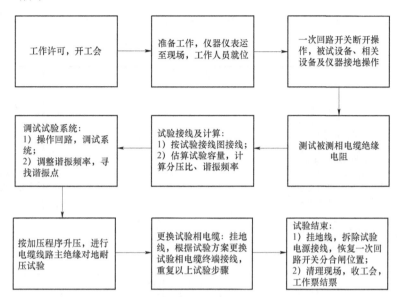

图 1-2 电力电缆交接耐压试验流程图

三、试验程序与操作标准

1. 开工

办理开工许可手续前应检查落实的内容，如表 1-8 所示。

表 1-8   开 工 内 容 与 要 求

序号	开工内容与要求
1	工作负责人按照有关规定办理好工作票许可手续
2	工作负责人对本班工作人员进行明确分工，并在开工前检查确认所有工作人员正确使用劳保和安全防护用品
3	工作人员在工作负责人带领下进入作业现场，并由工作负责人向所有工作人员详细交代作业任务、安全措施和安全注意事项，工作人员应明确作业范围、进度要求等内容，并在到位人员签字栏上分别签名
4	专责监护人对辅助人员（外来）进行施教，施教内容包括作业范围、安全措施、安全注意事项等

2. 试验电源的使用

试验电源的使用如表 1-9 所示。

表 1-9   试 验 电 源 的 使 用

序号	内容	标　　准
1	试验电源接取位置	从检修电源箱接取，且在工作现场电源引入处应配置有明显断开点的刀闸和触电保护器
2	试验电源的配置	根据试验容量核定试验电源的容量，试验电源必须是三相四线并有漏电保安器
3	接取电源注意事项	必须由试验人员接取，接取时严禁单人操作。接取电源前应先验电，用万用表确认电源电压等级和电源类型无误后，从检修电源箱内出线刀闸下桩头接出

3. 试验步骤与操作标准

按照试验流程，明确试验方法、试验标准及注意事项等内容，如表 1-10 所示。

表 1-10   试验步骤与操作标准

序号	试验步骤	试验方法	试验标准	注意事项
1	试验前准备： 1）一次回路开关断开操作； 2）确认被测相电力电缆终端处金属护套、法兰等部件可靠接地； 3）确认非被测相电力电缆线芯、金属护套、法兰等部件可靠接地； 4）确认被试电缆电气连接的互感器、避雷器等不满足电力电缆耐压试验条件的设备均已断开或退出，并接地； 5）检查加压线与周围障碍物距离，判断是否有足够的安全距离； 6）确认被试电力电缆线路绝缘电阻合格	—	—	绝缘电阻测量后应充分放电
2	按变频耐压试验方案接线图接好试验回路，估算试验容量，计算分压比、谐振频率	可根据电缆尺寸、线路长度估算分布杂散电容，根据试验装置电容和电抗估算谐振频率	—	—
3	调试试验系统： 1）操作回路，调试系统； 2）调整谐振频率，寻找谐振点	—	试验电压的频率一般在 20～300Hz 范围内	保证控制回路可靠性
4	电力电缆变频耐压试验	1）试验电压升至 0.5 倍额定电压，保持 2min； 2）继续升压至额定电压，保持 2min； 3）继续升压至 Q/GDW 11316—2014 规定试验电压，保持 1h； 4）将电压降至零	耐压通过	1）必须有电压控制点，防止电压意外升高损坏设备； 2）当试验过程中试品发生击穿、闪络时或加压过程中出现异常现象时，应立即分开电源，并将调压器退回零位，对试品充分放电后，再进行检查
5	试验完毕挂好地线，根据试验方案更换试验相电缆终端接线，重复以上步骤	—	—	—
6	耐压试验结束，挂地线，拆除试验电源接线，恢复一次回路开关分合闸位置	—	—	—

4. 竣工内容与要求

表 1-11 规定了工作结束后的注意事项，如清理工作现场、关闭试验电源、清点工具、办理工作票终结等内容。

表 1-11   竣 工 内 容 与 要 求

序号	内容与要求
1	按相关规定，拆除试验电源
2	清理工作现场，将工器具全部收拢并清点，废弃物按相关规定处理，材料及备品备件回收清点

序号	内容与要求
3	对设备全部工作现场进行周密的检查，确保无遗留问题或遗留物品
4	做好试验记录，记录本次试验内容
5	交接验收： 1）工作负责人自验收合格后，会同值班人员按有关规定进行交接验收； 2）会同值班人员对现场安全措施及被试设备的状态进行检查，恢复至工作许可前状态
6	全部验收合格，填写试验记录，办理工作票终结手续

四、试验报告

试验结束后，依据试验数据编制试验报告。

附录 2　电力电缆分布式局部放电试验步骤及注意事项

一、试验前准备

1. 准备工作安排

根据工作安排合理开展准备工作，准备工作内容如表 2-1 所示。

表 2-1　　　　　　　　　　　准 备 工 作 安 排

序号	内　容	标　准	备　注
1	开工前 5 天，向有关部门上报本次工作的材料计划	了解被试电缆出厂和历史试验数据，分析电缆状况	重点查看电缆及电缆附件的局部放电出厂试验数据
2	在工作前 3 天向上级主管提交停役申请	—	—
3	开工前 1 天，准备好施工所需试验设备与仪器仪表、相关图纸及相关技术资料	试验设备、仪器仪表应试验合格，试验仪器的电量充足、仪器可靠，满足本次施工的要求。测量仪器应校验，材料应齐全，图纸及资料应符合现场实际情况	1）光纤通断检查：应用激光笔检查光缆有无断线； 2）校验：对每个局部采集单元和高频局部放电采集器进行校验时，将局部放电校准器穿入高频局部放电传感器，进行校验； 3）校验时应注意，校准器的连接线（红色、黑色连接线）要尽量使用短线。校验时两线要尽量保持平行排布，同时线间距离不宜过大，保证校验的准确性
4	开工前根据现场实际情况确定现场试验设备与仪器仪表摆放位置	现场试验设备与仪器仪表摆放位置参考试验原理图，确保现场施工安全、可靠	试验设备与仪器仪表的摆放注重试验的安全，并对易损易坏设备进行保护，避免测量通信仪器受到干扰
5	根据本次作业内容和性质确定好试验人员，并组织学习试验方案	要求所有工作人员都明确本次工作的作业内容、进度要求、作业标准及安全注意事项	—
6	填写第一种工作票，在开工前 1 天交值班员	工作票应填写正确，并按《国家电网公司电力安全工作规程（线路部分）》执行	—

2. 劳动组织及人员要求

（1）劳动组织。劳动组织明确了工作所需人员类别、人员职责和作业人数，如表 2-2 所示。

表 2-2　　　　　　　　　　　劳 动 组 织

序号	人员类别	人员职责	作业人数	备　注
1	工作负责人	1）对工作全面负责，在试验工作中要对作业人员明确分工，保证工作质量； 2）对安全作业方案及试验质量负责，并对试验数据分析出具试验报告； 3）工作前对工作班成员进行危险点告知，交代安全措施和技术措施，并确认每一个工作班成员都已知晓	1	—

序号	人员类别	人员职责	作业人数	备　注
2	专责监护人	1）识别现场作业危险源，组织落实防范措施； 2）对作业过程中的安全进行监护	若干	电缆距离长，试验范围大，应根据实际情况布置专职监护人
3	试验人员	严格按照试验规程的规定操作试验设备及仪器仪表，进行试验	2	—
4	辅助人员	协助完成现场试验	若干	电缆分布式局部放电检测试验需要完成光缆敷设、组网导通测试、局部放电采集单元电源控制、高频局部放电传感器换相等操作，因此要求电缆每个接头安排一个辅助人员

（2）人员要求。

表 2-3 明确了工作人员的精神状态和资格。工作人员的资格包括作业技能、安全资质和特殊工种资质等要求。

表 2-3　　　　　　　　　人 员 要 求

序号	内　容	备　注
1	现场工作人员的身体状况、精神状态良好，个人工作服及安全用具齐全	—
2	所有作业人员必须具备《国家电网公司电力安全工作规程（线路部分）》的相关知识，并经考试合格	—
3	所有作业人员必须具备必要的电气知识，试验人员必须掌握试验专业作业技能，并达到中级工及以上专业等级	试验人员须熟悉电缆高频局放检测的基本原理、诊断分析方法，了解电缆设备的结构特点、工作原理、运行状况，高频局部放电检测装置的工作原理、技术参数和性能，并掌握分布式局部放电检测仪器的操作方法
4	作业辅助人员（外来）必须进行安全措施、作业范围、安全注意事项等方面施教，考核合格后方可参加工作	—

3. 工器具与仪器仪表

试验需要在提供高压电源的情况下开展，工器具与仪器仪表主要包括工器具、仪器仪表和电源设施等，如表 2-4 所示。

表 2-4　　　　　　　　　工 器 具 与 仪 器 仪 表

序号	名　称	型号及规格	单位	数量	备注
1	工作计算机	—	台	1	—
2	同步信号采集器	—	套	1	—
3	高频局部放电传感器	—	套	若干	—
4	局部放电通信单元	—	台	若干	—
5	局部放电采集单元	—	台	若干	—

序号	名 称	型号及规格	单位	数量	备注
6	局部放电校准器	—	台	1	—
7	连接光缆	—	根	若干	—
8	数据传输线	—	根	1	—
9	激光笔	—	只	若干	—
10	安全遮栏	—	组	若干	—
11	警示牌	—	块	若干	—
12	组合工具	—	套	1	—
13	电源接线盘	—	只	1	—
14	温湿度计	—	台	1	—

4. 技术资料

技术资料主要包括现场使用的图纸、出厂试验报告、试验记录等，如表2-5所示。

表2-5 技 术 资 料

序号	名 称	备 注
1	高压电缆线路平面布置图、电气接线图	—
2	高压电缆及附件出厂试验报告	—
3	历史试验记录	—

5. 试验前设备状态

试验前通过查看表2-6的内容，了解高压电缆线路的运行状态。

表2-6 试 验 前 设 备 状 态

序号	试验前设备状态
1	检查被试高压电缆线路的接地箱、交叉互联箱连接是否正确
2	检查被试高压电缆线路的中间、终端接头接地连接情况，确定连接牢固
3	检查被试高压电缆线路常规试验是否合格

6. 危险点分析与预防控制措施

高压电缆线路分布式局部放电检测试验需要在电缆高压带电情况下进行，表2-7规定了高压电缆线路分布式局部放电检测的危险点与预防控制措施。

表2-7 危险点与预防控制措施

序号	防范类型	危险点	预防控制措施
1	触电事故	误碰带电设备	测试检测仪器的现场放置确保与带电体的安全距离
			人员现场作业时，时刻注意与相邻带电设备的电气距离，与周围相邻带电设备保持足够的安全距离

序号	防范类型	危险点	预防控制措施
1	触电事故	感应触电	在强电场下进行部分停电工作时应增加保安接地线
			试验人员必须在断开试验电源并放电完毕后才能工作
		低压触电	测量仪器仪表的电源接头应做绝缘处理
			试验时用安全遮拦隔离
2	其他	水灾	隧道电缆确保电缆隧道内排水设施完备
			及时关注天气信息，避免遇到强降雨突发天气
			确保电缆隧道与地下水管道、河流、湖泊等水源的安全距离，严防隧道电缆出口进水
		火灾	禁止隧道内明火
			密切监测隧道内温度
			确保隧道内防火设施安全可靠
		有害气体灾害	确保隧道内通风设施安全可靠
			密切监测隧道内有害气体的成分、含量
			严禁携带易静电放电的衣着设备进入隧道，禁止明火

二、试验流程图

根据试验全过程，以最佳的试验步骤和顺序对试验项目过程进行优化而形成的试验流程图如图 2-1 所示。

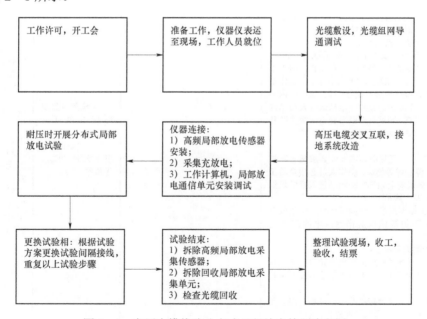

图 2-1　高压电缆线路分布式局部放电检测流程图

三、试验程序与操作标准

1. 开工

办理开工许可手续前应检查落实的内容，如表 2-8 所示。

表2-8 开 工 内 容 与 要 求

序号	开工内容与要求
1	工作负责人按照有关规定办理好工作票许可手续
2	工作负责人对本班工作人员进行明确分工，并在开工前检查确认所有工作人员正确使用劳保和安全防护用品
3	工作人员在工作负责人带领下进入作业现场，并由工作负责人向所有工作人员详细交待作业任务、安全措施和安全注意事项，工作人员应明确作业范围、进度要求等内容，并在到位人员签字栏上分别签名
4	专责监护人对辅助人员（外来）进行施教，施教内容包括作业范围、安全措施、安全注意事项等

2. 试验步骤与操作标准

按照试验流程，明确试验方法、试验标准及注意事项等内容，如表2-9所示。

表2-9 试验步骤与操作标准

序号	试验步骤	试验方法	试验标准	注意事项
1	试验前准备： 被检测对象准备： 1）确认被试电缆常规试验合格； 2）确认被试电缆终端和中间接头接地良好，接线正确； 3）现场检测前，应实地查看检测线路周边环境，确保现场能够满足检测要求； 4）进行检测前应对电缆线路的接地线等现场情况进行必要的检查，确保能够采集到接地电流信号，并保证其数据的准确性，否则应做适当的处理。 安全防护措施准备： 1）现场测试工作前，对于隧道（工井）内、终端站内、终端塔上的工作，由工作负责人提前填写第二种工作票，由工作票签发人审核无误后执行。对于变电站内的工作，还应提前通知变电站运行人员站内工作事宜，测试当天联系变电站操作队获得工作许可后，再由工作负责人填写第二种工作票。 2）工作现场必须按专业要求配备防护栏、警示牌等物品；操作人员必须穿着工服，佩戴安全帽等防护物品进入试验场地并设专人监护。 3）根据现场实际测试环境，应采取必要的防护措施以防止感应电的产生及影响。 检测设备准备： 1）检查局部放电采集单元内置电池是否有充足的电能，若电能不足应及时进行充电； 2）测试仪器接线准确、可靠，保证测试过程中采集数据的准确性； 3）检测中应避免局部放电传感器、同轴电缆受到损伤。 在必要的情况下，如电缆沟或作业场所有积水影响检测时，必须提前用抽水机将积水排干	—	1）检测对象及环境的温度宜在 -10~40℃； 2）空气相对湿度不大于 90%，无凝结	1）制造厂家有特殊规定的应执行制造厂的相关规定； 2）若在室外，则不应在有雷、雨、雾、雪环境下进行检测； 3）在电缆设备上无各种外部作业； 4）进行检测时应避免其他设备干扰源等带来的影响

序号	试验步骤	试验方法	试验标准	注意事项
2	按分布式局部放电检测试验方案接线图接好试验回路，检测前正确安装仪器各配件，打开局部放电采集单元电源，启动工作计算机	1）用数据传输线将局部放电通信单元连接到笔记本电脑上； 2）用传输光缆将局部放电通信单元连接到局部放电采集单元上（注意，红色端总是连接到红色端，黑色端总是连接到黑色端）； 3）通过传输光纤将每个局部放电采集单元以"手拉手"的连接方式进行串接（注意，红色端总是连接到红色端，黑色端总是连接到黑色端）	—	—
3	进行电缆分布式局部放电检测试验	1）通过工作计算机软件界面记录高频局部放电采集器收集的信号； 2）选择局部放电的相位图谱、椭圆图、$N-Q$图、$N-\Phi$图、$V-T$图，选择局部放电信号最佳观测方式	有无明显局部放电信号	试验过程中防止诸如发电机等可移动干扰源进入试验现场，以防影响测量结果
4	试验完毕，将高频局部放电采集器更换至试验相上，重复以上步骤	—	—	—
5	分布式局部放电试验结束后，拆除高频局部放电采集器，回收光缆、局部放电采集单元等仪器，清理现场	—	—	—

3. 竣工内容与要求

表 2-10 规定了工作结束后的注意事项，如清理工作现场、关闭试验电源、清点工具、办理工作票终结等内容。

表 2-10　　　　　　　　竣 工 内 容 与 要 求

序号	竣工内容与要求
1	确保电缆接地良好，核实接地开关分合闸位置
2	清理工作现场，将工器具全部收拢并清点，废弃物按相关规定处理，材料及备品备件回收清点。回收光缆等易损设备时注意对设备的保护，禁止使用蛮力。拆卸局部放电采集单元时应先关闭电源
3	对设备全部工作现场进行周密的检查，确保无遗留问题或遗留物品
4	做好试验记录，记录本次试验内容
5	交接验收： 1）工作负责人自验收合格后，会同值班人员按有关规定进行交接验收； 2）会同值班人员对现场安全措施及被试设备的状态进行检查，恢复至工作许可前状态
6	全部验收合格，填写试验记录，办理工作票终结手续

四、试验报告

试验结束后，依据试验数据编制试验报告。

附录3 电力电缆红外测温检测步骤及注意事项

参照 DL/T 664—2016《带电设备红外诊断应用导则》、Q/GDW 11223—2014《高压电缆状态检测技术规范》、GB/T 19870—2005《工业检测型红外热像仪》等,红外测温检测步骤如下。

一、试验前准备

1. 准备工作安排

一般检测工作计划按照输电线路巡视相关要求,重点关注下月停电计划设备;精确检测工作计划编制应结合(年度和月度)线路停电检修计划安排准备工作安排如表3-1所示。测温报告应在停电检修实施前提交给检修管理或实施部门,便于有针对性地制定检修方案。

表3-1　　　　　　　　　　　　精确检测准备工作安排

序号	内　　容	标　　准	备注
1	开工前1天,向有关部门上报本次工作的材料计划	了解被试高压电缆历史试验数据,分析设备状况	—
2	准备好试验所需试验设备与仪器仪表、相关技术资料及记录表格	试验设备、仪器仪表应试验合格,满足试验要求;资料应符合现场实际情况	试验设备应保持电量充足,满足测试时间要求
3	根据工作内容和性质确定好试验人员	要求所有工作人员都明确本次工作的作业内容、进度要求、作业标准及安全注意事项	—
4	填写第二种工作票,在开工前1天交值班员	工作票应填写正确,并按《国家电网公司电力安全工作规程(线路部分)》执行	—

2. 劳动组织及人员要求

(1)劳动组织

劳动组织明确了工作所需人员类别、人员职责和作业人数,一般检测按照输电线路巡视相关劳动组织要求执行。精确检测劳动组织见表3-2所示。

表3-2　　　　　　　　　　　　劳　动　组　织

序号	人员类别	人员职责	作业人数	备　　注
1	工作负责人	1)对工作全面负责,在检测工作中要对作业人员明确分工,保证工作质量; 2)对安全作业方案及检测质量负责,并对检测数据分析出具检测报告; 3)工作前对工作班成员进行危险点告知,交代安全措施和技术措施,并确认每一个工作班成员都已知晓	1	—
2	检测人员	严格按照测试规程的规定操作检测设备,记录检测数据、检测位置	2	检测过程中将电缆终端(中间接头)作为参考点,使用卷尺、指北针以极坐标的形式记录测试位置

（2）人员要求

表 3-3 明确了工作人员的精神状态和资格。工作人员的资格包括作业技能、安全资质和特殊工种资质等要求。

表 3-3　　　　　　　　　　　　人 员 要 求

序号	内　　容	备　　注
1	现场工作人员的身体状况、精神状态良好，个人工作服及安全用具齐全	—
2	所有作业人员必须具备《国家电网公司电力安全工作规程（线路部分）》的相关知识，并经考试合格	—
3	作业监护人员必须进行安全措施、作业范围、安全注意事项等方面施教，考核合格后方可参加工作	—
4	所有作业人员必须具备必要的电气知识，试验人员必须掌握红外测温专业作业技能	试验人员须熟悉红外热成像诊断技术的基本条件和诊断程序，熟悉红外热像仪的工作原理、技术参数和性能，熟悉掌握仪器的操作程序和调试方法。了解电缆设备结构特点、工作原理、外部接线、运行状况及导致设备故障的基本因素

3. 工器具与仪器仪表

工器具与仪器仪表主要包括工器具、仪器仪表和电源设施等，如表 3-4 所示。

表 3-4　　　　　　　　　　工 器 具 与 仪 器 仪 表

序号	名　　称	型号及规格	单位	数量	备　　注
1	红外热像仪	—	台	1	精确测温对于距离 ≥30m 的被测设备可根据需要配置 7° 或 12°
2	望远镜	—	只	1	精确测温
3	长焦相机	—	只	1	精确测温
4	强光手电	—	只	1	—
5	温湿度计	—	只	1	—
6	卷尺	—	只	1	记录检测位置
7	指北针	—	只	1	记录检测位置
8	笔记本	—	本	1	用于记录
9	水笔或圆珠笔	—	只	1	用于记录

4. 技术资料

技术资料主要包括现场使用的图纸、出厂试验报告、试验记录等，如表 3-5 所示。

表 3-5　　　　　　　　　　　　技 术 资 料

序号	名　　称	备　　注
1	高压电缆线路平面布置图、电气接线图	查看电缆终端（中间接头）是否和现场标示一样
2	高压电缆及附件出厂试验报告	—
3	历史试验记录	—

5. 试验前设备状态

试验前通过查看表 3-6 的内容，了解高压电缆线路的运行状态。

表 3-6 试验前设备状态

序号	试验前设备状态
1	检查被试高压电缆线路的接地箱、交叉互联箱连接是否正确
2	检查被试高压电缆线路的中间终端接地连接情况，确定连接牢固
3	检查被试高压电缆线路常规试验是否合格
4	检测被试设备处于夜晚环境，无日光、灯光等干扰
5	检查被试设备所处的天气、环境温度、湿度、风速是否符合检测要求
6	检测被检设备负荷是否不低于高压电缆设计负荷容量30%

6. 危险点分析和预防控制措施

表 3-7 规定了高压电缆线路红外测温检测的危险点与预控制措施。

表 3-7 危险点与预防控制措施

序号	防范类型	危险点	预防控制措施
1	触电事故	误碰带电设备	人员现场作业时，时刻注意与相邻带电设备的电气距离，与周围相邻带电设备保持足够的安全距离
		误登带电设备	现场核实地点、设备编号和名称，严禁无监护单人工作
		感应触电	在强电场下进行部分停电工作时应增加保安接地线
2	其他	水灾	隧道电缆确保电缆隧道内排水设施完备
			及时关注天气信息，避免遇到强降雨突发天气
			确保电缆隧道与地下水管道、河流、湖泊等水源的安全距离，严防隧道电缆出口进水
		火灾	禁止隧道内明火
			密切监测隧道内温度
			确保隧道内防火设施安全可靠
			检测时关注周围环境，若存在易燃易爆物，如杂草、易燃化工品等，应停止检测工作
		有害气体灾害	确保隧道内通风设施安全可靠
			密切监测隧道内有害气体的成分、含量
			严禁携带易静电放电的衣着设备进入隧道，禁止明火
			确保GIS电缆终端无其他泄露，必要时穿戴防护服及防毒面具

二、试验流程图

一般检测按照输电线路巡视相关要求执行；精确检测应根据试验全过程，以最佳的试验步骤和顺序对试验项目过程进行优化而形成的试验流程图如图 3-1 所示。

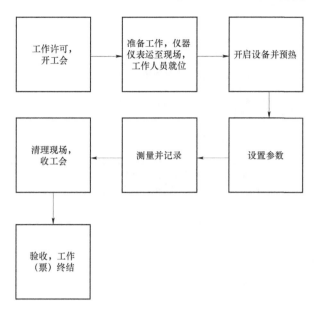

图 3-1 高压电缆线路红外测温检测流程图

三、试验程序和操作标准

1. 开工

办理开工许可手续前应检查落实的内容，如表 3-8 所示。

表 3-8   开 工 内 容 与 要 求

序号	开工内容与要求
1	工作负责人按照有关规定办理好工作票许可手续
2	工作负责人对本班工作人员进行明确分工，并在开工前检查确认所有工作人员正确使用劳保和安全防护用品
3	工作人员在工作负责人带领下进入作业现场，并由工作负责人向所有工作人员详细交代作业任务、安全措施和安全注意事项，工作人员应明确作业范围、进度要求等内容，并在到位人员签字栏上分别签名

2. 试验步骤与操作标准

按照试验流程，明确试验方法、试验标准及注意事项等内容，如表 3-9 所示。

表 3-9   试验步骤与操作标准

序号	试验步骤	试验方法	试验标准	注意事项
1	现场准备工作	1）检测人员就位； 2）保证红外热像仪正常和所需材料齐备	—	—
2	开启仪器	1）检查日期时间设置； 2）开启电源开关，预热设备1min	—	—
3	设置目标参数		1）辐射率：瓷套类选0.92，金属导线及金属连接选0.9； 2）环境温度：低于5℃不宜测试； 3）相对湿度：大于85%不宜测试	

139

序号	试验步骤	试验方法	试验标准	注意事项
4	一般检测	1）先将红外热像仪对准被检测对象，对所有应测部位进行全面扫描； 2）找出热态异常部位，记录设备名称、红外图像、可见光； 3）依照表 3-10 和表 3-11 的缺陷诊断判据，将现场检测发现的缺陷汇报至相关设备专职	—	—
5	精确检测	1）红外仪器尽量靠近被检设备，按照本附录"五、高压电缆红外拍摄规范"进行红外和可见光图片采集 2）依照表 3-10 和表 3-11 缺陷诊断判据，将现场检测发现的缺陷汇报至相关设备专职	—	确保与带电设备的安全距离
6	检测结束	—	—	—
7	图片文件整理	1）关机后取出 PC 卡，插入手提计算机网卡处； 2）将 PC 卡上的图像文件复制保存至计算机上，并制作图谱库； 3）对采集到的红外及可见光图片进行命名	—	72h 内 PC 卡内红外文件不可删除
8	出具报告	1）调整分析报告内温度范围，使图像更加清晰，便于发现缺陷； 2）单击较热点和对应点的温差，结合设备诊断判据分析被检设备是否构成缺陷并保存； 3）对所有精确检测设备红外图片进行常规分析，体现设备状态，并形成 Word 格式的诊断性测温报告； 4）对可能由于环境温度升高、负荷增加导致向严重及危急缺陷发展的缺陷进行预测，并形成 Word 格式的预判测温报告； 5）电子版精确测温报告应于检测完成后 15 天内提供给运维单位	缺陷诊断判据如表 10 和表 11 所示	—

表 3-10   电流致热型设备缺陷诊断判据

设备类别和部位		热像特征	故障特征	缺陷性质		
				一般缺陷	严重缺陷	危急缺陷
电器设备与金属部件的连接	接头、线夹	以线夹和接头为中心的热像，热点明显	接触不良	温差不超过 15K，未达到严重缺陷的要求	热点温度 >80℃ 或 $\delta \geqslant 80\%$	热点温度 >110℃ 或 $\delta \geqslant 95\%$
金属导线		以导线为中心的热像，热点明显	松股、断股、老化或截面积不够			

表 3-11   电压致热型设备缺陷诊断判据

	热像特征	故障特征	温差（K）
电缆终端	以整个电缆头为中心的热像	电缆头受潮、劣化或气隙	0.5～1
	以护层接地连接为中心的发热	接地不良	5～10
	伞裙局部区域过热	内部可能有局部放电	0.5～1
	根部有整体过热	内部介质受潮或性能异常	

续表

	热像特征	故障特征	温差（K）
电缆中间接头	以整个电缆中间接头的热像	电缆中间接头受潮、劣化或气隙	0.5～1
	以铜壳引流线接触为中心的发热或者以铜壳、铝护套连接部位的过热	接地不良	5～10
	应力锥部位过热	内部可能有局部放电	0.5～1

3. 现场拍摄要求

（1）拍摄周期

参见 Q/GDW 11223—2014《高压电缆状态检测技术规范》及 DL/T 664—2016《带电设备红外诊断应用导则》。

（2）拍摄内容

一般检测发现处于异常状态的设备时，须选择最佳的拍摄角度拍摄其红外图像；精确检测须对电缆线路进行红外及可见光拍摄，拍摄内容如表 3-12 所示。

表 3-12　　　　　　　　红外及可见光须拍摄内容

设备	类别	拍摄内容	备　注
电缆终端	引流板	电缆终端金属接续部位，包括紧固螺栓、引流板	1）110kV 及以上电压等级套管须分相独立拍摄，35kV 及以下可三相整体拍摄； 2）拍摄须包含终端本体和接头； 3）充 SF₆ 电缆终端须可见光拍摄 SF₆ 气体压力； 4）异常发热时拍摄； 5）红外拍摄需包含故障部位信息
	应力锥	终端本体中下部，在于底端 4～5 片伞裙高度的位置	
	尾管	位于电缆终端头搪铅处及电缆接地线终端连接板处位置	
	抱箍	电缆接地引线处的抱箍位置	
	接地引线末端	电缆引线与接地装置或者金属杆塔连接处位置	
电缆中间接头	羊角引线引流板	羊角引线与铜保护壳引流板接续位置，包括引流板、紧固螺栓	
	保护铜壳尾端	铜保护壳和金属铝护套搪铅部位	
	应力锥	主要是电压致热型	
	抱箍	接地引线抱箍位置	
	接地引线尾端	接地引线与接地装置（如接地箱）连接处	

（3）拍摄要求

1）拍摄应选择合适的拍摄距离和角度，聚焦清晰，画面完整，设备四周留有适当空间，保证设备正立。

2）设备的引线、柱体、顶帽、接头等关键部位完整清晰。

3）拍摄人员应记录设备的运行电压、负荷电流等参数。

4）对于距离≥30m 的设备，可选择加装 7°或 12°镜头。

5）可见光拍摄应与红外拍摄视角基本保持一致。

6）应事先设定几个不同的方向和角度，确定最佳检测位置，并可做上标记或者记录，以供今后的复测用，提高互比性和工作效率。

（4）检测仪器要求

一般检测所使用红外热像仪须满足 GB/T 19870—2005《工业检测型红外热像仪》要求，且须经第三方权威机构检定合格且在有效期范围内；

精确检测须使用经第三方权威机构检定合格且在有效期范围内的红外热像仪，其主要性能参数须满足表 3-13 所列要求值。

表 3-13　　　　　　　　　　精确检测型红外热像仪性能要求

序号	项　目	要　求　值
1	探测器分辨率	≥320×240，宜采用 640×480
2	测温精度	±2℃或±2%，取大者
3	测量范围	最低温度-10℃，最高温度150℃
4	空间分辨率	≤1.3mrad
5	大气条件修正	具备
6	图像帧频	≥25Hz

（5）检测环境要求

1）风速一般不大于 0.5m/s。

2）设备通电时间不小于 6h，最好在 24h 以上。

3）检测期间天气为阴天、夜间，或晴天日落 2h 后。

4）被检设备周围应具有均衡的背景辐射，应尽量避开附近热辐射源的干扰，某些设备被检测时还应避开人体热源等的红外辐射。

5）避开强电磁场，防止强电磁场影响红外热像仪的正常工作。

6）被检设备是带电运行设备，应尽量避开视线中的封闭遮挡物，如门和盖板等。

7）环境温度一般不低于 5℃，环境相对湿度一般不大于 85%；天气以阴天、多云为宜，夜间图像质量为佳；不应在雷、雨、雾、雪等气象条件下进行。

8）户外晴天要避开阳光直接照射或反射进入仪器镜头；在室内或晚上检测应避开灯光的直射，宜闭灯检测。

9）检测电流致热型设备，最好在高峰负荷下进行。否则，一般应在不低于 30%的额定负荷下进行，同时应充分考虑小负荷电流对测试结果的影响。

4. 竣工内容与要求

表 3-14 规定了工作结束后的注意事项，如清理工作现场、关闭试验电源、清点工具、办理工作票终结等内容。

表 3-14　　　　　　　　　　竣工内容与要求

序号	竣工内容与要求
1	清理工作现场
2	对设备全部工作现场进行周密的检查，确保无遗留问题或遗留物品

序号	竣工内容与要求
3	做好试验记录，记录本次试验内容
4	全部验收合格，填写试验记录，办理工作票终结手续

对于检测发现的一般缺陷，须在检测完成后 24h 内报送给相关线路专职；严重及危急缺陷，须在检测完成后 12h 内报送给相关线路专职。

四、完成形式

试验结束后，提交检测成果，并依据试验数据编制试验报告，格式可参照表 3－15。

表 3－15　　　　　　　　高压电缆线路红外检测报告（模板）

×××× 高压电缆终端（中间接头）红外测温试验报告

电气设备红外测温试验报告					
试验单位：				报告日期：	
试验负责人		试验人员		试验日期	
设备名称		运行地点		电压等级	
制造厂商		型号规格		运行编号	
额定频率		额定电流		额定短时耐受电流	
出厂日期			投运日期		
温度异常位置			异常位置温度		
测试仪器			辐射系数		
试验环境	环境温度：	相对湿度：	风速：	测试角度：	测试距离：
图像分析					
一号电缆终端： A 相温差： B 相温差： C 相温差：					
诊断分析和缺陷性质					
处理意见					
审批意见					
检测人员：			审核：		

精确检测提交的成果至少包含表 3－16 所列内容。

表 3-16　　　　　　　　　　　　　成 果 内 容

序号	内　容	备　注
1	红外图片	—
2	可见光照片	—
3	电子版和纸质版精确测温报告	—

五、高压电缆红外拍摄规范

1. 拍摄要求

（1）110kV 及以上电压等级套管须分相独立拍摄，35kV 及以下可三相整体拍摄。

（2）图像居中且尽可能充满画面。

2. 关注重点

（1）电缆终端本体温度分布是否均匀。

（2）三相之间的温度差异。

（3）接头是否存在发热。

（4）35kV 电缆终端分叉处是否存在发热。

3. 典型图片

220kV 电缆终端如图 3-2 所示，35kV 电缆终端如图 3-3 所示。

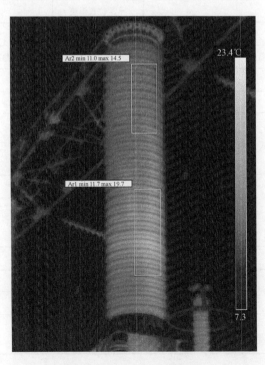

图 3-2　220kV 电缆终端

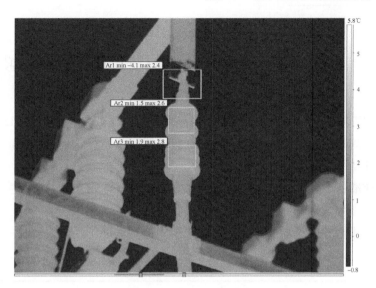

图 3－3　35kV 电缆终端

附录 4 电力电缆接地环流检测步骤及注意事项

参照 Q/GDW 11223—2014《高压电缆状态检测技术规范》、Q/GDW 11316—2014《电力电缆线路试验规程》、Q/GDW 456—2010《电缆线路状态评价导则》等，接地环流检测步骤及注意事项如下。

一、试验前准备

1. 准备工作安排

根据工作安排合理开展准备工作，准备工作内容如表 4–1 所示。

表 4–1　　　　　　　　检测准备工作安排

序号	内　容	标　准	备注
1	开工前 1 天，向有关部门上报本次工作的材料计划	了解被试高压电缆历史试验数据，分析设备状况	
2	准备好试验所需试验设备与仪器仪表、相关技术资料及记录表格	试验设备、仪器仪表应试验合格，满足试验要求；资料应符合现场实际情况	应带有备用电池或者试验设备保持电量充足，满足测试时间要求
3	根据工作内容和性质确定好试验人员	要求所有工作人员明确本次工作的作业内容、进度要求、作业标准及安全注意事项	—
4	填写第二种工作票，在开工前 1 天交值班员	工作票应填写正确，并按《国家电网公司电力安全工作规程（线路部分）》执行	—

2. 劳动组织及人员要求

（1）劳动组织

劳动组织明确了工作所需人员类别、人员职责和作业人数，如表 4–2 所示。

表 4–2　　　　　　　　劳　动　组　织

序号	人员类别	人　员　职　责	作业人数	备　注
1	工作负责人	1）对工作全面负责，在试验工作中要对作业人员明确分工，保证工作质量； 2）对安全作业方案及测试质量负责，并对测试数据分析出具试验报告； 3）工作前对工作班成员进行危险点告知，交代安全措施和技术措施，并确认每一个工作班成员都已知晓； 4）识别现场作业危险源，组织落实防范措施； 5）对作业过程中的安全进行监护	1	确保在监护过程中，所有人的操作符合《国家电网公司电力安全规程（线路部分）》规定，如打开接地箱安装电流互感器，须做好安全防护措施，防止人员触电事故。采用钳形电流表测量杆塔上终端接地箱电流互感器时，应保证安全距离符合规定
2	检测人员	严格按照测试规程的规定操作设备，开展接地环流检测工作	1	—
3	辅助人员	协助完成现场检测工作	1	高压电缆环流检测试验需要检测仪器的校准、接地环流信号采集线圈的安装

（2）人员要求

表 4-3 明确了工作人员的精神状态和资格。工作人员的资格包括作业技能、安全资质和特殊工种资质等要求。

表 4-3   人　员　要　求

序号	内　　容	备　　注
1	现场工作人员的身体状况、精神状态良好，个人工作服及安全用具齐全	—
2	所有作业人员必须具备《国家电网公司电力安全工作规程（线路部分）》的相关知识，并经考试合格	—
3	所有作业人员必须具备必要的电气知识，试验人员必须掌握接地环流检测专业作业技能	试验人员须掌握接地环流检测技术的基本条件和诊断程序，熟悉接地环流检测的工作原理、技术参数和性能，熟悉掌握仪器的操作程序和调试方法，了解电缆设备的结构特点、工作原理、外部接线、运行状况及导致设备故障的基本因素
4	作业辅助人员（外来）必须进行安全措施、作业范围、安全注意事项等方面施教，考核合格后方可参加工作	—

3. 工器具与仪器仪表

试验所需工器具与仪器仪表主要包括工器具、仪器仪表等，如表 4-4 所示。

表 4-4   工　器　具　与　仪　器　仪　表

序号	名称	型号及规格	单位	数量	备　　注
1	钳形电流表	—	台	1	—
2	电流互感器	—	套	1	用于空间有限，钳形电流表不宜放置测量的检测位置
3	安全带	—	套	1	用于登高作业安全防护
4	安全遮栏	—	组	若干	用于地面作业安全警戒
5	警示牌	—	块	若干	用于地面作业安全警戒
6	绝缘手套	—	只	1	用于交叉互连箱内安装、拆卸电流互感器
7	验电笔	—	只	1	用于接地箱壳体验电
8	温湿度计	—	台	1	用于测量环境温度、湿度
9	钳形电流表电池	—	块	若干	用于仪表使用
10	强光手电	—	只	1	—
11	笔记本	—	本	1	用于记录
12	水笔或圆珠笔	—	只	1	

4. 技术资料

技术资料主要包括现场使用的图纸、出厂试验报告、试验记录等，如表 4-5 所示。

表 4-5   技 术 资 料

序号	名 称	备 注
1	高压电缆线路平面布置图、电气接线图	查看电缆终端（中间接头）是否和现场标示一样
2	高压电缆及附件出厂试验报告	—
3	历史试验记录	—

5. 试验接线图

高压电缆线路接地环流检测接线图，见第三章图 3-5。

6. 试验前设备状态

试验前通过查看表 4-6 的内容，了解高压电缆线路的运行状态。

表 4-6   试 验 前 设 备 状 态

序号	试验前设备状态
1	检查被试高压电缆线路的接地箱、交叉互联箱连接是否正确
2	检查被试高压电缆线路的中间、终端接头接地连接情况，确定连接牢固
3	检查被试高压电缆线路常规试验是否合格

7. 危险点分析与预防控制措施

高压电缆线路接地环流检测试验需要在电缆高压带电情况下进行，表 4-7 规定了高压电缆线路接地环流检测的危险点与预防控制措施。

表 4-7   危险点与预防控制措施

序号	防范类型	危险点	预防控制措施
1	触电事故	误碰带电设备	测试检测仪器的现场放置确保与带电体的安全距离
			人员现场作业时，时刻注意与相邻带电设备的电气距离，与周围相邻带电设备保持足够的安全距离
		感应触电	在强电场下进行部分停电工作时应增加保安接地线
		低压触电	打开接地箱时，应事先用验电笔确认接地箱是否带电
			放置电流互感器或检测接地环流前，应确认绝缘手套完好无损
			安装电流互感器或者钳形电流表测试接地环流时应带好绝缘手套
			测试时用安全遮拦隔离
2	跌落事故	人员跌落	在端塔或隧道悬梯处作业时，登高作业人员须带安全带
			隧道电缆顶端支架线路测试，登高作业超过 2m 时，须带安全带
		物品跌落	终端塔或者隧梯底部，禁止人员走动
3	其他	水灾	隧道电缆确保电缆隧道内排水设施完备
			及时关注天气信息，避免遇到强降雨突发天气
			确保电缆隧道与地下水管道、河流、湖泊等水源的安全距离，严防隧道电缆出口进水

序号	防范类型	危险点	预防控制措施
3	其他	火灾	检测时关注周围环境，若存在易燃易爆物，如杂草、易燃化工品等，应停止检测工作
			禁止隧道内明火
			密切监测隧道内温度
			确保隧道内防火设施安全可靠
		有害气体灾害	确保隧道内通风设施安全可靠
			密切监测隧道内有害气体的成分、含量
			严禁携带易静电放电的衣着设备进入隧道，禁止明火
			确保 GIS 电缆终端无其他泄露，必要时穿戴防护服及防毒面具

二、试验流程图

电力电缆接地环流检测流程图如图 4-1 所示。

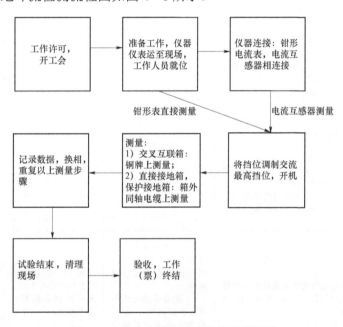

图 4-1　电力电缆接地环流检测流程图

三、试验程序和操作标准

1. 开工

办理开工许可手续前应检查落实的内容，如表 4-8 所示。

表 4-8　　　　　　　　　　　　　开 工 内 容 与 要 求

序号	工开内容与要求
1	工作负责人按照有关规定办理好工作票许可手续
2	工作负责人对本班工作人员进行明确分工，并在开工前检查确认所有工作人员正确使用劳保和安全防护用品

序号	工开内容要求
3	工作人员在工作负责人带领下进入作业现场，并由工作负责人向所有工作人员详细交代作业任务、安全措施和安全注意事项，工作人员应明确作业范围、进度要求等内容，并在到位人员签字栏上分别签名

2. 试验步骤与操作标准

按照试验流程，明确试验方法、试验标准及注意事项等内容，如表 4-9 所示。

表 4-9　　　　　　　　　　　　试验步骤与操作标准

序号	试验步骤	试验方法	试验标准	注意事项
1	试验前准备： （1）被检测对象准备： 1）确认被试电缆运行良好； 2）确认被试电缆终端和中间接头接地良好、接线正确； （2）安全防护措施准备： 1）现场测试工作前，对于隧道（工井）内、终端站内、终端塔上的工作，由工作负责人提前填写第二种工作票，由工作票签发人审核无误后执行；对于变电站内的工作，还应提前通知变电站运行人员站内工作事宜，测试当天联系变电站负责人，获得工作许可后，再由工作负责人填写第二种工作票。 2）工作现场必须按专业要求配备防护栏、警示牌等物品；操作人员必须穿着工服、佩戴安全帽等防护物品进入试验场地并设专人监护。 （3）检测设备准备： 1）检查钳形电流表电量，若电能不足应及时充电或者更换电池； 2）在必要情况下，如电缆沟或作业场所有积水影响检测时，必须提前用抽水机将积水排干	—	—	1）制造厂家有特殊规定的应执行制造厂家的相关规定； 2）若在室外，不应在有雷、雨、雾、雪环境下进行检测； 3）在电缆设备上无各种外部作业
2	1）确认挡位及接线正确，将钳形电流表开机； 2）进行电力电缆接地环流检测，分别测试 A、B、C 相或者 A-B、B-C、C-A 相，并记录； 3）检测完毕，关机	1）测量交叉互联箱时将电流互感器或钳形电流表卡在互联箱铜排上； 2）测量直接接地箱或保护接地箱时，将钳形电流表卡在同轴电缆上	参照 Q/GDW 11223—2014《高压电缆状态检测技术规范》	1）检测前钳形电流表处于正确挡位，量程由大至小调节； 2）测试接地电流应记录当时的负荷电流； 3）检测时应尽量将钳形电流表线圈与被测同轴电缆或铜排垂直，提高测量准确度
3	试验完毕，拆卸仪器，清理现场	—	—	—

3. 现场检测要求

（1）检测周期

参见 Q/GDW 11223—2014《高压电缆状态检测技术规范》。

（2）检测要求

1）检测前钳形电流表处于正确的挡位，量程由大至小调节。

2）测试接地电流时应记录当时的负荷电流。

3）按照表 4-10 记录接地电流异常互联段、缺陷部位、实际负荷、互联段内所有互联线、接地线的接地电流。

表 4-10　　　　　　　　高压电缆线路外护层接地电流检测记录

电缆线路名称：_____　　　　电压等级：_____
电缆线路长度：_____km　　　电缆型号及制造厂家：_____
中间接头型号及制作厂家：_____　　电缆终端型号及制造厂家：_____
投运日期：_____　　　　　　测量仪器和型号：_____

序号	测试地点	测试日期	当前负荷（A）	气温（℃）	负责人	测试设备类型（换位箱或者接地箱）	接地环流（换位箱为A-B相，接地箱为A相）（A）	接地环流（换位箱为B-C相，接地箱为B相）（A）	接地环流（换位箱为B-C相，接地箱为C相）（A）	接地环流（地线）（A）

4. 竣工内容与要求

表 4-11 规定了工作结束后的注意事项，如清理工作现场、关闭试验电源、清点工具、办理工作票终结等内容。

表 4-11　　　　　　　　竣 工 内 容 与 要 求

序号	竣工内容与要求
1	清理工作现场
2	对设备全部工作现场进行周密的检查，确保无遗留问题或遗留物品
3	做好试验记录，记录本次试验内容
4	全部验收合格，填写试验记录，办理工作票终结手续

四、完成形式

试验结束后，提交检测成果，并依据试验数据编制试验报告。

精确检测提交的成果至少包含表4−12所列内容。

表4−12 成 果 内 容

序号	内 容	备 注
1	现场图片	—
2	电子版和纸质版接地环流检测报告	—